教育部人文社会科学研究一般项目"动物伦理基础理论与中国问题研究"

项目编号：18YJCZH258

U0656090

动物伦理基础理论与中国问题研究

赵 波 著

中国海洋大学出版社

·青岛·

图书在版编目 (CIP) 数据

动物伦理基础理论与中国问题研究 / 赵波著 . — 青岛 : 中国海洋大学出版社 , 2023.9
ISBN 978-7-5670-3163-0

Ⅰ . ①动… Ⅱ . ①赵… Ⅲ . ①动物－伦理学－研究－中国 Ⅳ . ① B82-069

中国国家版本馆 CIP 数据核字 (2023) 第 035347 号

出版发行	中国海洋大学出版社		
社　　址	青岛市香港东路 23 号	邮政编码	266071
出 版 人	刘文菁		
网　　址	http://pub.ouc.edu.cn		
电子信箱	184385208@qq.com		
责任编辑	付绍瑜	电　　话	0532-85902533
印　　制	三河市龙大印装有限公司		
版　　次	2023 年 9 月第 1 版		
印　　次	2023 年 9 月第 1 次印刷		
成品尺寸	145 mm×210 mm		
印　　张	5.5		
字　　数	150 千		
印　　数	1～1000		
定　　价	42.00 元		
订购电话	0532-82032573 (传真)		

如发现印装质量问题 , 请致电 15076608482, 由印刷厂负责调换。

前言 / PREFACE

一、国内外研究状况

自从彼得·辛格的《动物解放》一书出版以来，把道德关怀拓展到动物的观念和实践就此起彼伏。这在哲学上就涉及非人动物的道德权利的证成及其争论。动物权利论者认为人和动物是平等的，作为"生命主体"，人与动物具有某些基本的相似性，典型代表是雷根。反对动物权利论的学者以科亨为代表，他认为只有人有权利，动物不是人，所以动物没有权利。同时，在动物权利如何证成这一问题上，有功利主义、契约主义、康德主义以及德性论四种基本的道德哲学范式。

1. 国外近年研究动态

动物伦理不是同情、人道问题，而是社会正义问题。对于动物伦理的性质界定一直是学界的热点问题，纳斯鲍姆提出社会契约理论无法拓展至非人的动物，无法容纳针对动物的政治义务，社会契约理论要求各缔约方需要具备大致等同的体能和精神条件。道义论和功利主义都无法恰当地解决动物正义问题，针对此问题，纳斯鲍姆也提出了能力路径（capabilities approach）论证模式。

动物自我（animal selves）对"善"的证成，在一定程度上弥补了契约论的不足。康德与罗尔斯的契约论在动物权利方面都面

1

临自身理论的不足，科斯嘉德从康德"人是目的"得到启示，认为善的根据是善的存在者，动物自我与人的具有同等的价值根据。在"道德动物"与"动物自我与善"等讲座中，科斯嘉德尝试用目的论弥补契约论的不足。他作为罗尔斯的亲炙弟子，"正当与善"问题的整合成为其研究中的重大突破与趋势。

西方动物福利组织进行动物福利立法、动物保护运动，且对社会共同体生活产生了影响。动物是否完全不能被作为工具来对待，在这个问题上，动物福利组织就认为动物可以作为工具使用，但必须保证其生活的必要福利，而不能残忍地对待动物。雷根也提出："动物权利不只是一个哲学概念，它也属于萌芽中的社会正义运动，即动物权利运动。"这推动了两个方面的发展：一方面是动物福利方面的立法，包括对饲养动物的环境条件的规定、对实验动物的严苛规定以及动物贸易的约束等；另一方面是动物保护、动物权利运动带来的社会影响乃至变革，这种"深生态"主义思想在社会工作、社会公正上的影响日且趋强烈。一个典型案例是许多西方国家公共交通工具上的优先座位除了有老弱病残标志之外，还有携带宠物的标志。

2. 国内近年研究动态

西方动物伦理相关理论、著作的译介。近年来，随着环境伦理、生命伦理的深入研究，动物伦理研究逐渐成为独立的研究方向，加之在国内日益蓬勃发展的动物保护运动促使下，动物伦理相关理论、著述的译介力度也在增大。辛格、雷根、科亨等影响较大的学者的论著得以引介，尤其是以莽萍编著的"护生文丛"与北京大学出版社的"应用伦理学丛书"为代表。国内相关学者也出版了一些重要的译作和专著。但不足之处在于缺乏对这些理论观点翔实的整理爬梳以及在此基础之上的分析与比较，只是一些较为零散的相关知识的碎片，并未形成体系性、观点性的研究。

传统文化中动物伦理思想文化资源的发掘以及中西对比研究。随着西方动物伦理观念与相关理论的引入，重新审视和发掘中国传统文化中的环境伦理、生命伦理以及动物伦理思想成为一项重要的工作。这其中，有从中西对比视角进行的研究，也有从儒道佛不同思想资源探寻动物伦理思想的研究。

二、研究思路、框架与内容

1. 研究思路

本书研究思路的选择基于理论与现实。理论上的原因是，西方动物伦理作为一种全新的观念，与西方传统道德哲学具有千丝万缕的联系，在一定程度上促进了传统理论的更新。现实中，中国社会中的动物保护行动造成了不同群体之间的冲突。因而，动物伦理基础理论与中国问题的结合是一个颇有挑战的问题。理论与现实结合的研究既要有理论深度，又要有现实关照，二者结合统一的关键在于框架设计。本书将历史维度与理论维度相统一，从应用实践、道德哲学以及社会规范三个方面推进研究，并最终从这三个方面落实研究。本书在这三个相互交叉而又不同的领域，运用不同的方法推进和落实，从应用实践中发现整体问题与经验素材，在道德哲学领域中展开理论辩证和论证，最后在具体社会生活中进行规范性应用。

2. 研究内容

本书关注三个层面的问题，通过这些差异化研究的累积，最大程度发挥伦理观对社会价值与秩序重建的积极作用。

（1）应用实践层面的动物伦理问题。这一研究对象更多的是指在社会现实生活中，由于动物伦理观念上的差异引发的不同的行动、实践以及现实的冲突。作为动物伦理观念的经验领域，它既是动物伦理观的经验前提，又是伦理观最终的实践场所。因而，了解不同应用实践领域的多样性经验，对于本研究而言是基本保证。

（2）道德哲学层面的动物伦理问题。本书对动物权利的道德论证，即何种意义上非人的动物拥有道德权利、人与动物在道德上是否平等等需要理性推理、道德论辩的难题进行一一厘清，并明晰各自理论边界。同时，东西方价值观、世界观的不同，也使得动物伦理呈现的方式多有不一。

（3）社会理论与道德哲学交叉综合基础上的动物伦理问题。在前两个方面研究的基础之上，动物伦理观不是一种简单的权利的伸张，因为这会使人与人之间权利的冲突与紧张加剧，实践哲学的观点不在于重新构建理论体系，而是回到社会现实，这就成为社会行为的一种内在的规范性因素。

3. 整体框架

（1）动物伦理问题的历史演变。这一部分对动物伦理问题的理论性与社会现实进行了梳理，力争从历史维度将动物伦理问题的产生、发展、演进进行梳理。西方社会这一问题大致可以分为三个历史阶段：应用实践阶段、道德哲学阶段以及社会规范阶段。

（2）动物伦理基础理论问题研究。这一部分整理了当代西方动物伦理理论谱系以及发展演变，重点强调相互之间的论争，明确理论之间的边界与融合；同时，归纳、梳理以理性权利为本位的伦理价值观如何对动物伦理产生影响。

（3）中国传统悲悯情感的动物伦理观。参照西方动物伦理从传统到现代演进的逻辑和思路，首先可以归纳总结出中国传统社会中情感共同体主义的伦理价值观，进而发现悲悯的动物伦理观在民族文化心理中占据主导地位。

（4）中国新型动物伦理观的规范性内涵。新型动物伦理观植根于中国传统文化之中，同时结合了现代权利的价值要求，但权利现象必须发生在社会共同体之中，因而突出动物伦理的"规范性"要求就成为内生因素。

（5）当前中国社会动物伦理的实践分析。一种伦理价值观的真正产生不是从外植入的，而是内生的。当然，这种内生不是自然而然的，而是受到社会机制性因素影响，比如制度、法律、家庭、习俗。因而，全面分析这些客观性社会行为机制有利于动物伦理规范的有效性发挥。

三、研究目标与价值

1. 研究目标

（1）系统整理东西方动物伦理观。梳理东西方社会的动物伦理观能够从宏观、整体层面展现动物伦理观的基本内容与特征。

（2）建构权利与规范相统一的中国新型动物伦理观。在梳理东西方伦理价值观念的基础上，建构中国社会现代新型动物伦理观是在古今中西多元维度下的成果，权利与规范、义务与目的、公正与共同善的统一是其典型特征。

（3）探索多维时空下中国新型动物伦理观的实践路径。由于中国社会处于现代多元维度时空的现实，权利的诉求、身份认识以及规范性整合多方面的伦理要求也决定了实践路径的多维化。

2. 研究价值

（1）本书系统梳理了西方动物伦理，尤其是动物权利的道德哲学论争、动物伦理思潮的兴起、其背后思想文化的传承与发展。系统梳理道德哲学领域的论争不仅有利于这一思潮本身，还有利于还原这些思潮在西方世界现代性转型发展中的沿革、发展与创新，这对于构建中国动物伦理观具有很大的借鉴意义。

（2）本书在整合西方理论基础上，结合中国传统文化，创造性建构中国新型动物伦理观。动物伦理思想背后具有很强的文化差异性，只有植根中国传统文化才能创造性建构适合中国国情的动物伦理观。

（3）本书的研究成果为中国新型动物伦理观提供了全新视角与理论支撑。当代中国社会中，各种不同的价值观念在社会现实生活中一一呈现出来，需要解决法理与情理、理念与现实之间的冲突，动物伦理研究能够为道德共识的达成提供理论支撑。

赵波

上海城建职业学院

目录 / CONTENTS

第一章 动物伦理问题的历史演变

　　自古以来，动物与人类的关系就十分密切。许多原始部族往往以蛇、牛等动物作为部族的崇拜对象，或以动物作为部落的图腾。作为人类认识世界和认识自我的一个窗口，动物是与人最为贴近，却也十分神秘的存在者。动物与人的关系是人类认识中既对立又统一的矛盾。人与动物有何异同，人应当以何种伦理态度对待动物，一直是动物伦理学所关注的核心问题。

第一节 动物伦理理论的基本界定

　　动物伦理涉及动物保护与社会文明的发展，它是社会进步和经济发展到一定阶段的必然产物，体现着人与动物协调发展的趋势，是一个国家社会文明进步的反映。

一、动物伦理思想内涵与发展

（一）早期的动物伦理思想

　　远古时代是一个人类与动物共存共生的时代。人们对远古时代的了解，目前只能从现有的考古活动和神话故事中获得。因此，人们对远古时代的真实情况，可谓是所知甚少。然而可以肯定的是，对动物抱有敬畏态度是狩猎时代人类对动物的根本态度。从残存至今日的狩猎文化的仪式中，我们可以看出，即便是即将被狩猎的动物，也被看成是有理性、感情、智力又具灵魂的存在。被狩猎的动物必须有合乎仪式的、尊敬的处理。随着社会生产力的进步，远古时代的狩猎文化被渐进的封建农业社会文化所取代。农业生产与神祇密切相连，牲畜祭祀成为人类向神祇祈福的一种方式，动物成为牺牲品。

古希腊时期的思想被视为是西方社会思想的基石。古希腊的哲学家、思想家苏格拉底（Socrates）对人类是否可以吃肉似乎没有做任何评论。他的著名的学生柏拉图（Plato）则是素食主义者。他认为哲学家必须是素食主义者，因为动物与人类分享灵魂的一部分，这部分灵魂虽然不是不朽的，但是并非非理性的。继柏拉图之后，亚里士多德（Aristotle）成为古希腊世界最伟大的思想家、哲学家和科学家。亚里士多德认为，动物因为没有"理性"，也就没有道德感，因此，在自然界的等级里，动物远远低于人类，也因此是可以是被屠杀和食用的。亚里士多德的思想对后世西方哲学家的思想影响颇为深远，因此，"动物缺乏理性，人是理性的动物"的论断成为既存思想。

（二）动物伦理思想的形成期

16世纪、17世纪是欧洲从封建社会向资本主义社会转变的关键时期。随着早期资本主义兴起的影响，大量科学家和科学理论涌现，束缚人们思想自由发展的烦琐哲学和神学的教条权威逐步被摧毁，西方学者对人与动物关系的认识有了新的转变。西方学者开始强调人性的解放，重视人的价值和作用，强调人和动物的不同。轰轰烈烈的科技革命使人发现，人可以改变自然，不必再惧怕自然。在此背景下，法国哲学家笛卡尔（Descartes）宣布，动物是上帝创造的械，不仅没有理性，也没有感情。笛卡尔之后的启蒙时代，大多数哲学家相信，由于人具有语言、思维、能劳动和社会性等能力，因此人与动物的根本区别在于，人类"灵魂不朽"，具有道德责任的能力。

在宣布人的至高无上的地位的同时，对待动物的另一种思维方式也并存于世。文艺复兴三杰之一，伟大的艺术家莱奥纳多·达·芬奇（Leonardo da Vinci）就是一个著名的素食主义者。《达·芬奇及其童年的回忆》中记载，达·芬奇特别喜欢做的事情是到市场上买鸟，然后放飞它们。法国人文主义作家米歇尔·埃凯姆·蒙田（Michel Eyquem de Montaigne）在《蒙田随笔》中批判对动物的残酷行为。英国文艺复兴时期剧作家、诗人威廉·莎士比亚（William Shakespeare）在其戏剧中生动地描绘了动物的苦难。约翰·洛克（John Locke）是英国著名哲学家和教育家，他认为应该教育孩童善待动物。三大英国经验主义者之一的哲学家大卫·休谟（David Hume）认为，作为道德思想基础的同情心，是可以伸延到动物身上的，是可以伸延到除人之外的有感觉的存在身上。他还认为，正确的行为是在某个行动对他者产生的愉快与痛苦之间找到最大的平衡，必须把有感觉的动物也包括进来，因为动物也感觉愉快和痛苦。休谟把"暴君"定义为那些习惯性地让动物遭受痛苦的人，并认为"那些残酷地对待动物人在处理与其他人的关系中也心肠冷酷"。德国著名哲学家亚瑟·叔本华（Arthur Schopenhauer），否定了理性、自治、自我意识任何权力等是道德底线的决定因素；并认为，人所应有的怜悯才是道德的唯一保证，人必须有对所有可以感受痛苦的存在的怜悯之心。

在《论人类不平等的起源和基础》一书的序言中，法国启蒙运动代表人物之一，思想家、哲学家让 - 雅克·卢梭（Jean-Jacques Rousseau）曾对动物权利的概念做了简述。他认为，相较于人，动物同样也是有知觉的，因此，动物也应该享有自然赋予的权利；人类有义务维护动物的权利，而且动物也应该享有不被虐待的权利。

作为现代科学理论的先驱，英国生物学家、进化论的奠基人查尔斯·罗伯特·达尔文（Charles Robert Darwin）论证了人类的生物进化过程，并指出人与动物的区别只是程度上的，并非是种类的。达尔文认为动物都有基本概念能力和一定的推理能力，并具有基本的道德感和复杂的情绪。

（三）动物伦理思想的发展期

1962 年，美国海洋生物学家雷切尔·卡逊（Rachel Carson）出版了《寂静的春天》。书中，雷切尔·卡逊对人类破坏自然的毁灭性倾向提出了指控，并号召人们迅速改变对自然世界的看法和观点，呼吁人们认真思考人类社会的发展问题。自此以后，若谈论人与自然的关系，"环境伦理"已经成为绕不开的话题。自 20 世纪 70 年代起，环境伦理学家们开始将道德作为环境保护的有效保障。伴随着"非人类中心主义"环境伦理学说的兴起并逐渐成为引起世人关注的全球性话题，人们认识到应该将人的道德责任范围扩展到整个自然界。于是，动物成了人的道德关怀视野内首先被考虑的存在物。

1892 年，英国社会改革家亨利·塞尔特（Henry Salt）出版了影响深远的《动物的权利：与社会进步的关系》，并明确提出了动物权利的概念。塞尔特曾经在1981年成立了取缔打猎运动的人道主义者联盟。他认为，所有的生命都是神圣可爱的，动物应该和人类一样，拥有天赋的生存权和自由权；人类和动物之间应该组成一个共同的政府，民主制度应该包括所有的生物，这样的民主制度才是完善的；动物解放的过程与人的解放是相向的，并且紧密地联系在一起；人类必须扩展道德联合体（moral community）的范围，抛弃以往人和动物之间的"道德鸿沟"。

1979年，澳大利亚伦理学家、世界动物保护运动的倡导者彼得·辛格（Peter Singer）在《动物解放》一书中将道德价值的主体扩展至动物，并认为动物与人同样具有感受能力，动物的内在价值应当被人类所承认，人类应维护动物的平等权益。彼得·辛格的观点为动物保护提供了强有力的理论依据，打破了人与自然之间传统的伦理观念。

美国当代哲学家汤姆·雷根（Tom Regan）于1983年发表了著作《动物权利研究》，第一次提出并证明动物拥有基本的道德权利，且动物的权利和人的权利等价。《动物权利研究》与彼得·辛格的《动物解放》齐名，二者被誉为动物伦理学领域最杰出的两部著作。从德国古典哲学创始人伊曼努尔·康德（Immanuel Kant）的哲学理论出发，汤姆·雷根对动物权利进行了论述并阐明了自己的观点。雷根充分肯定了康德关于每个生灵都有内涵价值，每个生灵都具有自身的独特价值的观点。但他将生灵的范畴扩大到除人类以外的动物，并否定了康德的人对动物仅有间接义务的观点。汤姆·雷根用大量充满激情的语言呼吁动物权利，他认为，和人类一样，动物也是生命的主体，作为"生活主体"的动物应该享有被尊敬对待的基本权利，同时也应该具有不被伤害的基本权利，人类不应该干涉动物的生活。雷根的观点因此也被称为强式动物权利理论（strong animal rights theory）。

相较于汤姆·雷根的强式动物权利论，玛丽·安·沃伦（Mary Anne Warren）提出了弱式动物权利论（weak animal rights theory）。她认为，动物拥有权利的基础是它们自身的利益，并以它们能够感受快乐或痛苦作为前提。人的权利相较于动物权利是一种较强的权利，而且范围也更广泛；对于动物来说，人所拥有的言论、集会、结社、游行、示威等权利是毫无意义的。动物与人同样拥有生存权，但动物的生存权比人的生存权要弱一些。因此，玛丽·沃伦的弱式动物权利论从本质上来说是对雷根强式动物权利论的修补。

二、动物伦理思想内涵

在西方兴起的动物保护运动中，逐渐产生了关于动物保护的伦理探究，形成了一种新的伦理思想——动物伦理（animal ethics）。动物伦理将人类伦理关怀的对象范围从性别、民族、阶级、社会扩大到非人类动物，并重新界定了人类对动物的道德关系和伦理态度。动物伦理让人类认识到，必须以尊重和同情的伦理态度对待动物，努力建构人类与动物的和谐关系。

当下现实背景中，动物伦理学学者以跨学科、跨文化的宏观视野关注动物问题、动物存在，重新审视文艺作品中的动物再现，研究人类必须予以尊重的动物生存权利以及动物拥有独立于人的内在价值，主要代表观点有动物解放论、动物权利论、动物福利、生态中心论等。

文学作品可以被视为动物伦理的研究对象，也可以是各种与动物有关联的文化现象。从道德和责任的伦理角度出发，动物伦理学者通过分析文艺作品中的动物意象和再现方式等，深入思考研究对象中所体现出的人与动物之间的关系以及人对动物的伦理道德态度等，为重新构建一种公正、平等的伦理观提供支持，并重新塑造"种际公正"的伦理观念。

从反对动物处于边缘化的"他者"立场出发，动物伦理学者不断地为"沉默的动物"这一弱势群体发声。如加里·沃尔夫（Cary Wolfe）所言，在人文与社会科学研究领域中，在所有文化研究惯用的形形色色的歧视中，那些充满善意的批评者的争论总是被锁在一个未经检验的物种歧视的框架内。乔迪·卡斯彻卡诺（Joedy Castricano）认为，这种封锁回避了文化研究在批判"人类"主体的本质主义概念时，也在不断产生新的（或者可能是非常熟悉的）排斥形式或等级制度，同时通过不间断地边缘化非人类动物，使人类主体能够拥有主导的特权地位。这种含蓄且隐晦的封锁是长期的，而且很难被察觉，所以在很长一段时间内，动物伦理学者并没有得到诸如女性主义者、后殖民主义者同等的看待。

关于动物伦理学，有些学者认为，它是生态批评的一个重要理论分支。其实不然。自西方哲学诞生之日起，在西方哲学的语境中，动物问题就是其中无法绕开的问题。西方哲学家往往通过以动物性作为对比，剖析人性的内涵，揭示"人的本质"这一问题，确证什么是"人"，不可避免地割裂人与动物之间的关系，并将二者放到两个对立的层级考虑。其中，法国哲学家勒内·笛卡尔最为典型。

笛卡尔是西方现代哲学思想的奠基人之一，他提出了"动物机械论"，即"动物是机器"的哲学命题。他认为世界是机械的，无论是无机的自然界还是有机的植物界，甚至连动物界都是机械的。禽兽会自己做机械运动，会飞会走，会吃会唱，但这些都是位置移动，所以都是自动的机器。人会思考，具有知觉，而动物只是机械地行动，这些构成了动物与人的根本区别。

由于动物没有语言，笛卡尔提出"动物不具有灵魂"这一论断。笛卡尔的哲学思想深深影响了之后的几代欧洲人。自其之后，诸如德国哲学家马丁·海德格尔（Martin Heidegger）、出生于立陶宛的法国著名哲学家伊曼努尔·列维纳斯（Em-manuel Levinas）等，在区分人与动物时，都以思维、推理和说话等特质出发，并在人与动物之间划出明确的界限。"动物机械论"曾长期在西方哲学思想中占主导地位。在这样的语境下，人类的财产常常涵盖了无知觉的动物。

而德国哲学家弗里德里希·威廉·尼采（Friedrich Wilhelm Nietzsche）不再采用"二分法"，即动物不具备什么、人具备什么来区分动物和人类。尼采成功采用"生命"的概念，将人与动物总括到一起。尼采认为，动物与人之间不存在绝对的差异，更不应该存在等级上的高低。动物与人类互为伴侣，相互感染、互相影响，动物不再是人类的财产。创造性、肯定性是动物性本能的具体体现。因此，人与动物之间不可感知的鸿沟，开始被尼采消弭了一部分。在《悲剧的诞生》关于酒神（Dionysian）的论述中，酒神精神被尼采表述为"一种出于动物般的丰沛和完美而达到对自身的神性肯定"。出于对生命的肯定和辩护，以酒神精神为出发点，人与动物走向共融与和解。

人与动物和合共生的趋势，在动物伦理理论发展中逐渐明晰。法国后现代哲学家吉尔·德勒兹（Gilles Deleuze）在《千高原》中将"生成—动物"描述为一种动态的过程。在这种动态过程中，人与动物同时发生变化，具有了某种不属于自己集群的特质，超出了自己本质所具有的界限。他还认为，社会和国家需要动物的特征对人进行分类，博物学和科学需要这些特征，以便对动物自身进行分类。德勒兹多次在关于"生成—动物"的论述中提及奥匈帝国作家弗兰兹·卡夫卡（Franz Kafka）。德勒兹认为，弗兰兹·卡夫卡是一位关注真实的"生成—动物"的伟大作家。通过对老鼠、甲虫与人的关系的描写，卡夫卡反映了动物与人突破自己集群、双向生成的表现。人与动物边限的模糊表现，是出于人能够向动物生成的这种异质连接的现象。

2002 年，法国哲学家雅克·德里达（Jacques Derrida）在加州大学作演讲时，又一次提到了德勒兹"生成—动物"的概念。作为西方解构主义的代表人物，德里达认为，德勒兹虽然在其临终之作《内在性：一种生命》中要求应当去除人的主体意识，但德勒兹对于"生成—动物"的阐述主要集中在人之生成动物上，且在后期关于生成的论述中，德勒兹又将人与动物、男人与女人划分出了强弱的等级，这些实际上都暗含着人类中心主义的立场。对"生成—动物"理论中隐含的人类中心主义立场，德里达表达了质疑，同时他也批判了具有明显的人类中心主义倾向的观点，例如对列维纳斯的"动物不具有伦理性的中断力量"、海德格尔的"动物贫乏于世"、瓦尔特·本雅明的"动物语言是沉默的、无名的语言"等观点先后进行了批判。

德里达在沐浴期间，当感受到猫的注视时，他的心中油然升起一种被注视的羞耻感。但当他在"恢复理智"后，又为刚才的羞耻感而羞耻。鉴于这种双重羞耻，他开始思索一直根植于传统哲学视野中的人与动物关系问题。通过给猫喂食，德里达的思索找到了答案。德里达在演讲中谈到，那只猫每次总会跟随他进入浴室，并索取早餐；而他也总是中断自己的沐浴需求，为那只猫提供早餐。此时，猫的需求凌驾于人之上，强大的人与弱小的猫的阶层发生了根本变化。人成了为猫服务的仆人，而猫成了人的主人。不论是被注视时的羞耻感，还是喂食，猫瓦解了人的持续性存在。

美国当代动物权利论者汤姆·雷根提出的"生命主体"（subjects-of-a-life）概念，与尼采以"生命"的方式讨论人与动物、德里达提出的"动物也是感知的主体"等观点，具有异曲同工之处。在《动物权利研究》序言中，雷根提到，一些非人类动物，在道德上的许多相关方面类似于正常的人类。与人类一样，非人类动物拥有各种感知能力、认识能力、意向能力和意志能力。动物在看、在听、在相信、在渴望、在记忆、在期待、在计划、在打算……动物与人类一样享有身体的快乐与痛苦，也会感到恐惧、满意、发怒、孤独、挫折、满足，也会狡诈、会轻率。除了以上这些状态，动物还有其他大量的心理状态和倾向，共同定义了生命主体的精神生活和相对福祉（relative well-being）……通过论证动物与人的大量相似状态，雷根意图将人权延伸至动物。但是，雷根"赋予动物权利"的观点依旧突出了人类的强势，始终无法摆脱人类主宰动物的窠臼。

汪民安认为，人与动物界限的消弭在美国哲学家唐娜·哈拉维（Donna Haraway）的赛博格（cyborg）理论中表现得更为彻底。在哈拉维的理论中，"cyborg"被定义为一个人的身体性能经由机械拓展，进而产生超越人体的限制的新身体，是一种对人类未来的幻想。哈拉维以重构动物与人的伴侣关系，以历史性的主体间性重新定义动物和人之间的关系，从而打破动物和人的界限。他认为在动物与人的伴侣关系中，动物与人"在相互改变对方，彼此在对方身上构建权利，它们相互地历史性地重建对方的主体性……相互构建，结为一体，不再彼此分离"。赛博格理论可视为对"生成—动物"的一种理论延伸，只是在动物与人相互构建的过程中，二者的变化是双向的，而非某一方面向另一方面的单向生成。人与动物之间是一种亲密关系，改变自己的特质适应彼此，绝非像德勒兹所说的"联盟"。

虽然拥有着深厚古老的根基，动物伦理仍是一个新兴话语。动物伦理学持续关注当下社会文化背景下的动物，以跨学科、跨文化的宏观视野，在哲学、社会学、文学、生命科学等相关学科领域长出繁茂的枝叶。

第二节　动物福利保护

动物福利翻译自英文"animal welfare"。福利的中文意思为"幸福和利益"或"泛指所有社会成员均能享受的待遇"。动物福利是一个比较广泛的概念，包括动物生理上和心理上两方面的康乐。当前，各国学者和组织对动物福利的定义不尽相同。动物福利的基本概念是指人为提供给动物的相应物质条件和采用的行为方式要保证动物在健康舒适的状态下生存，使动物在生理和心理上都处于愉快的状态。世界动物卫生组织（World Organization for Animal Health，2022 年 5 月其英文缩写由"OIE"更改为"WOAH"）认为，动物福利就是让动物生活得健康、舒适、安全，得到良好饲喂，能表达天生的行为，并免受痛苦和恐惧。中国学者在解释"动物福利"时指出：所谓动物福利，就是让动物在康乐的状态下生存，其标准包括动物无任何疾病、无行为异常、无心理紧张压抑和痛苦等。WOAH先后采纳和颁布了7项关于动物福利的标准，涉及陆地运输、海洋运输、航空运输、人类消费的动物的屠宰、处于疾病控制目的的动物捕杀、养殖鱼类运输过程中的福利以及人类消费的牧场养殖动物的击晕和屠宰。发达国家往往利用WOAH标准中有关动物福利的要求，要求供货方必须达到WOAH所规定的标准，否则无法进入其国内市场。

动物福利观念最早从欧洲兴起。其传入美国后，与美国本土相继兴起的动物解放、动物权利、美德伦理、生态女性主义等思潮相互影响，形成了从动物福利到动物权利，再到动物关怀的特色演变之路。关于动物保护，西方社会主要涌现3种理论体系：动物解放论、动物权利论、动物福利论。在此进程中，西方社会又形成了3种既有联系又有侧重的理论取向，即仁慈主义、功利主义和人道主义。其中，率先向人类中心主义发起巨大挑战，最为激进、彻底，影响也较为深远的是动物解放理论。

一、对动物福利保护的历史审视

"动物的状态"是动物福利概念的主要指向。作为国际生命伦理学会的创始人，彼得·辛格首先提出动物解放论，并首次将道德范围从人扩展到动物。1975年，《动物解放》作为彼得·辛格的代表作出版，倡导人类关心和爱护动物，宣扬动物保护及福利的观念。随着人类社会生产力的不断发展，人类改造世界的能力愈发显著。作为世界的主宰，人奴役和利用动物已有数千年的历史。

辛格重视动物的生存发展权益，提出"解放动物，就是再一次解放人类"，成为首个为动物发声的学者。以人类和动物基因高度相似性现象为基础，辛格提出了人类与动物之间并非天壤之别，因而道德关怀应当从人类拓展到动物。辛格还提出了以混合型功利主义和双因素平等主义作为动物解放论的两大原则。最终，从道德考虑、环保旨归、康寿需要等角度，辛格系统地阐述了自己的素食主义思想，提出构建人类与大自然新型关系的设想。

美国当代生态哲学思想代表人物霍尔姆斯·罗尔斯顿三世（Holmes Rolston Ⅲ）认为："人类对任何有生命的生物体都有一种义务——最低限度的义务，即没有正当理由时不能去终止它们的生命。"简而言之，无论是出于人类的有限发展原则考虑，还是人们对于动物的同情，抑或是对动物承受痛苦是否秉持相同的评判尺度，都需要限制人类对待动物的方式或手段，而且这种限制措施是现实存在的，并具有强烈的客观的道德意义。具体的措施安排应当以现实情况为考量，同时需要符合人类有限发展原则。在满足人类有限发展原则的前提下，对于动物的利用应当基于理性、全面的衡量和把握，基于人类的正当利益和需求，还应更多地顾及生态系统的意义、生物多样性以及基因多样性的长远意义，更加充分体现超越人类中心主义的价值追求和道德关怀。

人类是道德权利的主体，动物则是道德权力的客体。在现代环境伦理学的视阈下，人类对动物的初始道德义务是在非利益冲突的前提下不伤害动物。然而，在现实社会中，矛盾、利益冲突无处不在，尤其是出于科学研究的需要，动物实验研究等某些特殊领域对伤害动物的行为是难以避免的。因此，在无法做到不伤害原则的现实情况下，应当采取行之有效的措施，使人类对动物的伤害降到最低。然而，在现实的动物实验过程中，实验者必然会对动物本身造成极大的痛苦，有时甚至会剥夺动物的生命。

面对这一矛盾，英国动物学家罗素（Russell）1959年提出了动物试验著名的"3Rs"原则：减少（reduction），尽量减少试验动物使用量；优化（refinement），优化试验方案，减少试验动物的痛苦；替代（replacement），尽量使用先进技术替代试验动物。"3Rs"原则一经提出，便在国际上受到普遍认可并得到普遍推广。

二、东西方社会关于动物福利问题的主要分歧

动物福利是时代进步和实现人类可持续发展的题中之义。1924年，WOAH正式成立。2007年，中国正式加入WOAH。1968年，《陆生动物卫生法典》（以下简称《陆生法典》）首次由WOAH制定并出版发行，至今已出版28次，所涉及的所有规定均由WOAH成员代表在国际代表大会上表决通过。《陆生法典》不仅是各国开展动物疫病防控工作需遵循的国际标准，也是世界贸易组织（WTO）指定的动物及动物产品国际贸易必须遵循的准则。

18世纪、19世纪，以"反虐待"作为动物福利思想的主题，欧洲的学者们认为动物有痛苦，人类应该同情它们并应避免让它们遭受痛苦。20世纪被称为动物福利的世纪，动物福利进入了"赋予动物权利"的新时代，以哲学理论为基础，动物权利和人类义务的概念被引入了动物福利，对动物福利的立法从重视动物的痛苦和给予动物人道关怀作为出发点。1822年，人类历史上第一部反对人类任意虐待动物的法令《禁止虐待动物法令》（又称《马丁法令》）在英国国会顺利通过。《马丁法令》开启了动物权利保护法律先河。继《马丁法令》之后，《防止虐待动物法》《防止残忍对待动物法》《动物保护法》在英国先后颁布。一系列的法律法规将"残酷行为"和"不必要痛苦"作为动物保护的基础，并进行了详细的解释。

德国 1998 年修订的《动物福利法》第 1 条明确规定：基于人类对其伙伴动物的责任，本法的目的是保护动物的生命和福利。没有正当的理由，任何人不得使动物感到痛苦，不得折磨或者伤害动物。与德国《动物福利法》相似，丹麦 1991 年的《动物福利法》中指出，该法律是为了确保动物免受疼痛、痛苦、焦急、永久伤害和严重的忧伤。1995 年葡萄牙的《保护动物法》在第 1 章"保护的总原则"中，列举了动物保护的 4 个原则。2002 年瑞典修订的《动物福利法》在关于动物管理和对待的基本规定的部分中，有 8 条阐述了对待动物的基本态度。

中国社会的动物保护理念由来已久。中国传统文化的三大派系分支都非常重视动物的保护。爱护生命、崇尚和平的儒家思想，物无贵贱、慈心于物的道家学说，众生平等、慈悲为怀的佛教境界追求，都是中国传统文化尊重自然思想的体现。儒家思想创始人孔子提出的"钓而不纲"和"弋不射宿"的主张，更是当今社会经济绿色、可持续发展理念的先导。

动物福利的价值观与我国的传统价值观是相向的。与现代动物"权利"思想一致，佛教与道教主张"万物平等"，反对恶意对待动物。同情和怜悯动物的观念在儒学中也有体现。《孟子·梁惠王上》中有"君子之于禽兽也，见其生，不忍见其死。闻其声，不忍食其肉，是以君子远庖厨也"。现在日本、韩国、新加坡相继仿照欧美出台了动物福利法，这些国家的经验和做法值得借鉴。

在科学研究和畜牧生产方面，动物产生应激的主要原因是疼痛和恐惧。而动物的应激反应会影响动物的采食量、免疫力、身体损伤以及畜产品的品质。因此，东西方的动物福利科学都在努力减少动物的痛苦和应激，提升动物个体的数量和品质。

动物福利并非西方强加，也不是西方的专利。动物福利保护既有利于人与动物和自然界和谐、全面、可持续地发展，又有利于维护生态系统中物种多样性以及基因多样性之间的平衡。

从动物福利思想的起源和发展过程中，我们可以发现，其过程是漫长的。以 19 世纪蕴含着倡导仁慈、怜悯弱小的宗教情怀的动物福利思想为开端，动物的生命价值在 20 世纪的动物福利思想中得到进一步的提升，人类开始将善待动物视为己任。虽然东西方对动物生命价值的理解存在分歧，但无论是倡导仁慈、反对残忍的价值取向，还是减少动物应激、提升动物产品品质的经济目的，都是东西方社会的共识。

第三节　动物权利论

动物权利（animal rights）与动物福利之间有着根本区别。动物福利论证的不是"必要性"的问题，主要着眼于动物是否有不受人类利用、剥削和虐待的权利，考虑的是动物利益最大化的问题。但是动物权利者的观点主要集中在人与动物是否是平等的，动物是否同样拥有道德权利，动物的利益与环境伦理是否存在相互关系。总而言之，动物权利论者聚焦的是动物与人一样具备各类权利。

被东西方学者视为现代动物权利运动的奠基者的彼得·辛格，仅仅在政治或法律意义上使用"权利"这个词汇，但是作为一位功利主义伦理学家，他从来没有在严格的道德哲学意义上使用过

"权利"一词。他在《动物解放》中所感叹，这是个权利话语被滥用的时代，"权利只是一种政治缩略语罢了"。权利话语具有强势的舆论力量，这在当代社会是谁也不能否认的。动物伦理问题与大多数伦理问题的争论一样，如何接受和探讨"权利"，始终都是绕不开的中心问题。彼得·辛格的《动物解放》于1975年问世之后，如何为动物的道德地位提供一个权利论基础，从而给保护动物提供一个更有力的伦理支持，成为越来越多哲学家理论探究的重点。在权利论学者看来，一个行为是否侵犯了道德权利是判断该行为在道德上是否失范的前提。

不同的伦理学派对于如何解释道德权利从何而来的问题是不尽相同的。关于权利从何而来，功利主义者解释道，从长远看来，权利概念的提出有利于保障人们的利益，因此，权利源自功利；自然权利论者则认为，个体能够享有平等的权利，是因为个体本身具有某种天赋的本性；但在契约主义者看来，权利来源于某种实际的或所设想的契约中。本书将另行梳理基于功利主义的动物伦理观，本节主要从基于自然权利论的动物权利论以及基于契约主义的动物权利论观点出发，对动物权利论的伦理观点进行简要的梳理，然后从理论到实践，将二者与彼得·辛格的动物解放论进行整体的比较。

（一）动物权利论的伦理学证明

1. 基于自然权利哲学的视角

（1）汤姆·雷根的动物权利论

汤姆·雷根是最早站在道德哲学的高度对动物权利论进行系统论证的学者，因此被誉为提出"动物权利"的第一人。然而，理论界一直都对"是否存在道德权利"的问题没有定论。如果贸然将非人类动物纳入道德权利的应用范围，将会使道德权利问题更加复杂。当然汤姆·雷根十分明白，提供一种类似于几何学的严谨明晰的证明，对于权利论者来说是不可能的。为此，汤姆·雷根降低了自己的目标，打算寻找一种排除与之竞争的其他道德理论的缺点，同时又保留了它们优点的新的权利论。为证明新的理论是最为可取、最合乎人的道德直觉的，汤姆·雷根将他的理论与多种相互竞争的道德理论进行比较，进而以这种权利论为基础，推导出某些非人类动物也应该拥有权利的结论。

康德认为，唯有理性的人才享有权利，因为唯有理性的人格才具有道德自主性，人的权利来源于理性。雷根认为，康德意义上的"人格"（person）要求太高，它排除了儿童和精神障碍者，只覆盖了太少的个体；但是由于将人类胚胎也包括了进来，"人"（human）这个词又要求太低。而且经过考察，雷根发现人类的语言中，没有对权利拥有者的正确描述。因此，这被认为是"词汇缺口"（lexical gap）。正是缺乏这种语言表达造成人类长期以来对某些重要道德事实的忽视。雷根以"生活的主体"作为更为贴切的词语来填补这个缺口。

雷根在《动物权利》中指出："成为某种生活的主体……不仅仅意味着是有生命和有意识的。……（它还意味着）拥有期望和愿望，拥有感觉、记忆和未来（包括自己的未来）意识；拥有一种伴随着愉快和痛苦感觉的情感生活；拥有偏好和福利；拥有发动行为以实现自己的愿望和目标的能力；拥有一种历时性的心理上的同一性；拥有一种独立于他人的功用性的个体幸福状态。"这是人拥有天赋价值的根据。因此，"生活的主体"不能仅仅被视作工具，而应当将所有生活主体视作目的，因为"生活的主体"具有内在的价值。

对于心智不健全的人，康德认为，他们不应拥有权利，因为他们都不是真正的人，没有自在的目的。恰恰相反，在雷根看来，即便心智不健全，但因为这些个体都是"生活的主体"，因而他们应该拥有被尊重对待的道德权利。而因生理缺陷，生来就没有脑活动的婴儿以及受精卵，则不是"生活的主体"，因而它们不享有道德权利。由此，雷根的权利论，基本上得出了符合人们日常认知的结论。

当然，某些精神体验非常复杂的非人类动物也可以满足生活主体的要求，而不仅局限于前文提及的可以成为"生活的主体"的个体。因此，某些精神体验非常复杂的非人类动物也应该拥有道德权利。而且，包括某些非人类动物，所有的"生活的主体"都拥有同等不可剥夺的道德权利。

2. 道德关怀范围的界限问题

满足"生活的主体"标准的动物到底有哪些呢？这是雷根的动物权利论所必须面对的难题。在达尔文的生物进化论中，无论是智力还是感受能力上的差异，不同的生命都只有量的变化，没有质的区别。所以，雷根无法在"生活的主体"与非"生活的主体"生命之间划分明确的分界线。美国学者卡尔·科恩（Carl Cohen）在《如果动物拥有权利》中指出，幸好雷根没有划出那条分界线，否则他将被打上歧视的标签。针对于此，动物解放主义者也许会这样疑问：为什么那些能感受痛苦的非"生活的主体"的动物没有权利，而只有"生活的主体"拥有权利？本质上，该问题非常类似于动物解放／权利论受到生命中心主义学者的质疑：为什么神经系统不发达的动物和植物就没有道德地位，而只有某些动物具有道德地位？雷根消极回答了以上的疑问。雷根坦然承认自己本身没有能力给出一条明确的分界线。但雷根又肯定地表示：凡1周岁以上的哺乳动物都满足"生活的主体"的条件；对于那些能感受痛苦的动物是否满足"生活的主体"的条件，他表示一种怀疑的态度；关于那些无法明确证明能感受痛苦的植物的道德地位问题，他把环境伦理学中那些认为植物有内在价值的生命中心主义者推到了台前。由此可见，雷根的态度似乎是这样的：对于1周岁以上的哺乳动物享有权利的结论，不管其他生命是否享有权利，都不会受到影响。换句话说，他对某些哺乳动物能被拓展到权利论的应用范围内，已经感到知足了。

当然，我们没有必要在为一只猩猩进行道德权利的辩护之前，先弄清楚一只蚂蚁有没有权利。这种论证是所有类似于"量变到质变"的道德哲学难题，人们在确认自己的应用界限时都会碰到的，而并非有意回避问题。例如，人们无法在确定人类权利的应用范围时，在拥有权利的人和不拥有权利的人之间划定明确的分界线并明显地区分开来。人的神经系统的最终成熟就是量的积累和变化。个体从受精卵开始发育，到有一定组织结构的胚胎，再到新生儿，这是个体的神经系统量变的过程。人们很难确定个体的权利究竟是在胚胎哪个发育阶段获得的。因此，西方社会在堕胎问题上存在持续不断的争论。但即便存在有这种争论和划界的难题，也不妨碍我们确定儿童和成年人享有不可剥夺的权利。由此看来，这样的问题并不只是动物权利论者要直面的问题。

3. 契约主义的视角

（1）马克·罗兰兹论动物权利

英国政治家、哲学家托马斯·霍布斯（Thomas Hobbes）从社会契约论的角度分析认为，道德原则源于自利的理性个体达成的以互利为目的的契约，但对于契约的概念，非人类动物是无法理解的，同时也无法跟理性个体签订任何契约；基于互利原则的契约，只能让非人类动物成为道德原则的受惠者，但对于有理性的人来说，没有任何直接的好处，因此人们对非人类动物没有直接的义务。由于这种理论会得出许多违反直觉的推论，类似霍布斯式的社会契约论者最终面临着种种自身难以克服的困难。故而，对于大多数西方动物伦理学者来说，契约论难以作为非人类动物的道德地位的理论基础。

随着1971年《正义论》的正式出版，美国政治哲学家、伦理学家约翰·罗尔斯（John Rawls）为契约主义开创了一个全新的伦理研究领域。从罗尔斯的理论出发，因对动物道义的研究而为人所知的出生在美国的哲学家马克·罗兰兹（Mark Rowlands）建立了一种契约主义的动物权利论。马克·罗兰兹在《动物权利》一书中率先深刻剖析了约翰·罗尔斯正义论中关于权利等概念的哲学内涵。在《正义论》中，罗尔斯指明了直觉论证和契约论证两条论证线索，并指出每种传统的正义观都包含一种对原初状态（original position）的解释。人们需要先行确定哪种原初状态的解释是可接受的，才能确定在原初状态下有理性的人会选择哪种道德原则。此外，由这种特定的对原初状态的解释所导出的原则，必须是人们在直觉上可接受的。概括地说，人们对原初状态的解释和直觉的道德观念是一对相互作用的关系。

假如从原初状态中得出的道德原则与直觉的道德平等观二者相冲突，那么人们只能选择修改对原初状态的解释，或者选择修改当前的直觉判断。由此，罗尔斯提出了西方伦理思想史上最重要的创新——反思平衡法：在契约的环境条件与人们的判断之间，反复来回地修正和适应原则，最终达到对原初状态的描述；这样的结果既表达了合理的条件，又符合人们深思熟虑并及时作出调整和修正的判断。

出于直觉，尤其是未经反思的直觉，人们一般不会将非人类动物纳入人类的道德考量中，人类对非人类动物也没有直接的义务。马克·罗兰兹认为，这种直觉判断，尤其是未经反思的直觉判断，与一个更基础的蕴含于当代自由主义意识形态的观念相矛盾。这个意义上的观念可以理解为，如果一个人并没有付出任何努力就获得了某种天赋，那么他所得到的任何好处都不属于在道德上的应得。罗尔斯的直觉平等观就是由这样的观念构成的，并决定着对原初状态的解读，以及"无知之幕"可以排除掉人类知识中的哪些因素。如果某种天赋不是某人应得的，即某人并不具有这种天赋的道德资格，那么，在道德上这种天赋就意味着是任意的，这种天赋所带来的好处也不应该由这个人得到。从这个角度来理解，和其他天赋（如聪慧、体力）一样，理性能力也是不应得的。一个人无法决定自己必然能拥有理性，因此，一个人在道德上没有资格得到理性以及由理性带来的任何好处，理性是一种道德上的偶然特征。基于此，与罗尔斯的直觉平等论证相矛盾的是把道德原则的受惠群体限定于具有理性天赋的个体。由于对原初状态的解释，在很大程度上受罗尔斯的直觉论证影响，因此，人们对直觉平等观的更准确的理解将产生一种对原初状态的更准确的解释。根据这种理解，"无知之幕"将排除关于个体的理性天赋的知识，人类的正义原则必然会将某些非人类动物包括在内。

罗兰兹进一步指出，如果在原初状态下人们排除掉那些关于自己的理性能力和属于哪个物种的信息，素食主义的道德观点将被人们"合乎理智地"支持。在罗尔斯契约主义的视域中，在"无知之幕"的遮蔽下所做出的理性选择，决定了人们蓄养并宰杀动物这种行为的道德合理性。如果在原初状态下，人们不知道自己是一个人亦或是某一只被人类蓄养并宰杀的动物，从集约式养殖场中非人类动物所经受的痛苦和恐惧角度出发，人们会将素食合理地纳入人类的道德义务范畴。据此，殊途同归，和汤姆·雷根的动物权利论一样，罗兰兹的动物权利论同样得出了一种激进的素食主义的结论。

当然，在西方学术界中，与罗兰兹的动物权利论相似，还有很多其他学者主张将罗尔斯的契约主义应用到动物伦理问题上，并且根据罗尔斯的正义论，建议将某些非人类动物纳入人类的道德关怀。譬如，曾任国际伦理学学会主席的伦理学家彼得·辛格和美国学者彼德·温泽（Peter Wenz）也同意，如果将罗尔斯的"无知之幕"增加得足够厚实，以致能够屏蔽关于人类究竟是属于哪个动物物种的知识，人类必将能建立一种协调人与动物道德关系的正义理论。

（2）基于契约本质的辩驳

不论对动物权利论持肯定还是否定的态度，大多数学者坚持认为，对于动物权利，契约论无力提供有效的道德辩护。理性主体之间商议的最终结果是契约，由于人类无法与非人类动物进行谈判并达成契约，所以不存在能为非人类动物进行有效道德辩护的契约。这种最普遍的反对意见，对于霍布斯式的契约论来说也许是切题的，对于罗尔斯的契约论则是离题万里。罗尔斯的观点中的"原初状态"并非实际的契约观点，它不是众多个体进行协商对话的场所，从某种角度来说，它仅是一种具有启发意义的思想实验。

罗兰兹指出，如果能够全面理解原初状态的概念，那么人们就可以允许作为单个个体的人来占据这个位置，而无所谓必须要求将原初状态看作一种由多个理性主体占据的情境。原初状态的本质不在于不同个体间的协商。本质上，原初状态仅要求进行道德推理的主体在排除了关于其自身的特殊知识后，对道德原则加以理性选择。在原初状态下，独立的个体可以完成道德推理过程，由独立的个体推导出来的道德原则都将被每个理性个体接受，而不必是众多有理性者进行实际探讨的结果。如果不是经过多个理性个体进行实际的或想象的研究而最终形成的契约，那么就没有理由将道德原则的受惠者仅限于有谈判能力的理性个体了。理性个体和非理性的个体（如某些非人类动物、儿童、严重精神疾病患者），甚至是生活在未来的、实际上并不存在于当下的个体，都可以应用原初状态下得出的道德原则。因此，以非人类动物不具有谈判能力为理由，将罗尔斯的契约主义排除在动物伦理学之外是错误的。

（3）基于"自我"本质的异议

如果一个人获得其他生物的特征，那么这个人将会失去其本来的人性，失去自我，这是否违背了人格同一性的标准？事实上，在"无知之幕"的掩饰下，假设个体获得他人的特征，同样也要打破人格同一性的标准。

罗兰兹认为，当成为另一个体的时候，意味着个体将拥有一个与原先相异的躯体和大脑，此时将无法满足人格同一性的躯体和大脑的标准；与此同时，个体将具有截然不同的心理状态，人格同一性标准也将无法满足。因而，即使对照任何人格同一性的标准，在现实世界和原初状态下，人们也无法成为同一个人。也可以说，无论是人类还是非人类动物，都无法满足任何人格同一性的标准。事实上，存此疑问的人，曲解了原初状态的性质和特征。无论是在原初状态下，还是在原初状态之外，自我的人格同一性问题其实根本就不是问题。

罗尔斯曾受到社群主义者的批判，认为罗尔斯将没有任何经验内容的"无拘的自我"（unencumbered self）作为理论的预设。对于这种指摘，罗兰兹认为，罗尔斯在理论上并没有使用一个形而上学的、空无内容的自我。原初状态并不意味着是一种实存的状态，也非一种假设的、想象的或者逻辑上可能的境况。在此境况中，一个去除经验内容的个体可以获得意义。原初状态仅是对思想实验、理性思考程序的描绘。这种思考程序可以理解为：个体具有某项特征，但如果没有此项特征，个体将会呈现什么样的状态亦或赋有什么样的道德原则呢？所谓进入原初状态，仅代表着让理性在一定的限制之下对道德原则加以选择，并不象征着进入任何逻辑上、形而上学或者物理上可能的状态。因此这里既无人格同一性的问题，也没有形而上学的"自我"的假设。

在原初状态下个体选择不同的动物伦理原则的过程，本质上是一种有启发意义的思想实验，并非签订契约的过程。在"无知之幕"的遮掩下，人们所要做的无非是对诸如"在全然不知是何种生命形态的前提下，个体应如何选择符合世界秩序的道德原则？"等问题的自问。

（4）道德关怀的界限

雷根的动物权利论存在着道德关怀的限度的问题，罗兰兹的理论避免了这个问题，显示了其优越性。虽然罗兰兹最终也没有回答究竟哪些生命享有权利，但他的目光转向了原初状态下的理性主体。哪些生命应该享有权利？答案只能由居于原初状态的合乎理性的人从自身所关注的生命形式来回答。可以确定的是，人们会将权利赋予那些具有发达神经系统的动物。如果人们成为这些动物中的一员，那么会并不想成为"待宰的羔羊"。但是如果成为不能感受痛苦的植物或者汽车，那么我们就不会关心在身上发生的任何事情。由于植物和汽车并不能也不会感受到痛苦，所以在原初状态下，道德原则的关怀范围就不会涵盖它们，因为个体本身作为一株植物或一辆汽车，并不会担心自己会遭遇到的任何事情。

（二）动物解放、动物权利与动物福利论之比较

1. 理论上的区别与互补

动物解放、动物权利与动物福利论在理论上既有区别又相互补充。动物解放、动物权利与动物福利论有着截然不同的道德哲学基础，三者的理论基础分别为功利主义、自然权利论和罗尔斯的契约主义。作为三种最有影响的伦理学理论，虽然各自具有截然不同的论证思路，但在某些范围内，三种理论是相互补充的关系。

2. 动物解放、动物权利与动物福利

在实践上，动物解放论和动物权利论都将彻底的平等主义作为理论的出发点，虽然在动物福利问题上彼此存在微妙的差别，但二者都认同素食主义。

动物福利论者主张要减少动物的痛苦，尽量满足非人类动物的基本需要。作为比较激进的动物权利论者，汤姆·雷根认为提倡动物福利就应当是某种妥协，开展动物权利运动就应该以彻底废除所有对动物的利用为终极目标，彻底"打开牢笼"，而不是为动物争取更大的牢笼。

相较于动物福利论，动物解放论者看待动物福利的态度则比较复杂。例如当代西方重要的元伦理学家、功利主义者黑尔（Hare）提倡素食和给予现有农场动物更好的生活环境，并认

为在认真落实动物福利法规的前提下，圈养动物是合规的；恰恰相反，彼得·辛格认为激烈的商业竞争会迫使农场主设法降低成本，最终结果就是无法落实动物福利法规，因此强烈主张废除养殖业。

此外，动物解放论者过分强调应该给予农场内的动物更好的生活福利，这在某种程度上又会给人造成一种"逆向物种歧视"的印象。在动物解放论者看来，人和非人类动物的利益应该具有平等的道德意义，但现实是还存在着许多人食不果腹、居无定所的现象。此种情况下，又何谈动物福利呢？当然，功利主义者提出，把花费在养殖业中的粮食和资源，转用于救助社会中的穷人，必将会收到更大的效益。从这个角度出发，实现幸福量总和最大化的有效途径只能是废除养殖场和倡导素食。

综上所述，关于动物福利，以上动物解放论和动物权利论的争论，在理论上和实践中都过于理想主义。从现实主义的角度分析，完全废除养殖业在当今社会仍然是天方夜谭。为此，人们还是应当从改善农场动物福利状况出发，以改变人们的思想观念为抓手。固然，无论是动物解放论还是动物权利论，关于动物福利法中禁止虐待动物的规定都是必要的。

第四节　人与动物关系的伦理分析

人与动物的伦理关系是探究人类对待动物的行为的善恶及其评判标准和多维度的理论逻辑。本节从人和动物的需要、价值以及利益层面，分析和确证人与动物关系的伦理根据。

一、人与动物需要的趋异与趋同

（一）趋异性分析

1. 基本需要与非基本需要

制造和使用工具是人类最终从动物界分化出来的根本标志。人的需要和动物的需要虽然不是完全对立的关系，但二者具有本质的区别，主要体现在需要上的区别。伟大的德国思想家卡尔·马克思（Karl Marx）在其未完成的经济学哲学著作《1844年经济学哲学手稿》中也提及了这个问题。

人与动物的共性就是对物质都有需求。不过，对于动物来说，它的大部分需求都是为了生存。但是对于人类来说，生存只是人类的最基本需求，人类对于物质的需求是动物永远无法比肩的。对于最基本的需求——生存，马克思冠之以"动物的需要"。马克思认为，人类对物质的需求不仅在于维持最基本的生存，同时也是一种生活享受。换言之，人和动物为了生存都需要活动，但人类为了满足自身真正的需要，会将这种活动升华为劳动。正是人类有了"真正的需要"，人的劳动就有了明确的目的性。动物的生产始终保持着片面性，而人类则是"全面的"生产，也就是整个人类社会的生产和再生产。因此，人类实践是主观见之于客观的物质性活动。动物只能按照自身所属的物种的尺度和需要来进行生产，而人会按照客观规律和自身的不同需求来进行生产，并且通过发挥主观能动性和劳动作用于客观事物，将"自在之物"改造成"为我之物"。

2. 有限需要与无限需要

人具有生产能力和主观能动性，为了满足自身的生存和发展的需求，人类可以创造出无限的可能。德国哲学家格奥尔格·威廉·弗里德里希·黑格尔（Georg Wilhelm Friedrich Hegel）在其1821年正式出版的《法哲学原理》中提及"人的需求"时谈道："动物的需求有局限性，所以让它们满足自身需求的手段同样具有局限性。虽然人类也有这种限制，但是，他们可以超越这种局限性来证明普遍性，进而来证明其满足需求所用手段的殊多性，然后具体分解为各个部分，再转为不同的抽象需求。"黑格尔认为受自然或自身机体的限制，动物的需求是有限的。但是人有各种不同的需求，是因为人可以利用自身的优势和各种特殊的方法来满足自身的需求。马克思在《1844年经济学哲学手稿》中指出，动物和人一样靠无机界生活，人和动物相比更具有普遍性，因此，人依靠的无机界的范围就更加广阔。马克思所谈及的人的"普遍性"，指人通过实践与世界建立无限广泛的依存、感知和实践关系的特性。对于外部环境，动物是被动地适应，而人则表现出积极的一面，通过改造环境和利用环境满足自身的需要，并使外部环境能更好地服务人类。人类在除环境以外的自然中进行生产实践，使自然成为人类生活的直接原料来源。

3. 肉体支配与超越肉体支配的需要

动物的生产具有片面性，生产成果只能用于满足自身及其幼仔的需求。但是对人类而言，生产不只局限于自身肉体的需求，而且人类进行的这种不受环境限制需求下的生产才是真正意义上的生产。人类的生产是生命延续的基础。人的活动是有意识地进行的满足自身需要的活动。人的需要与所需对象有直接联系，不只是人自身欲求的需要。人类依靠劳动创造满足自身的需要。因此，人的生产、活动以及人类个体的需要不需要被肉体支配，也只有这样，人才能真正实现活动自由。

4. 基本不变的需要与历史性需要

作为自然现象，生理遗传决定了动物的本能需求。即便环境发生变化，需要为此所做的改变也是极其缓慢的。人类的生产活动从本质上高于动物本能的活动。人类从自身的生存和发展出发，自觉地进行生产。现代人根据自身的需求，在前人经验的基础上，不断创造出新的文明和物质财富。现代的产物满足了人类的所需（包括物质的和精神的），在此基础上，人类又产生了新的需求，从而呈现出人类需求的历史性。

（二）趋同性分析

1. 生存和健康

动物与人都是生命世界的一员。在生命世界中，区别于动物，人是有文化的高级动物。动物与人都有生存和健康两种状态。

动物的生存和健康主要是指其体内平衡以及种群和群落的稳态状态。从体内平衡的角度分析，动物机体的生存其实就是肉体的适应性，主要表现为动物在其生长过程中必须满足的物质和生态需要，并且涵盖了动物在其成熟发育过程中，动物各个种群内部及种群之间的竞争引发的动物体内器官组织的协调生长。动物个体的健康、种群的健康以及群落的健康紧密相关，相互影响。人是高级的动物，从自然属性上说，人仍然具有动物的一般属性。因此，人与动物一样，同样具有个体健康、种群健康和群落健康相互影响的规律。

人类具有主观能动性并且通过不懈的实践和劳动，创造了丰富多彩的物质生活、精神生活。科学技术和工程不可能从根本上改变人是动物世界的成员和人的生命属性。人首先得生存，然后健康地成长、存在，才能创造出物质文明和精神文明。作为最复杂的物质运动形式，生命运动包含着物理运动、化学运动等多种运动形式。在现代医学中，人体健康的标准可以用物理、化学的方式描述出来。这样的描述方式同样也适用于其他非人类动物。用物理、化学方式显示的身体、精神上的健康标准，并没有将人与动物作本质上的区分。

对于人与动物而言，基本的生存和健康条件虽然本质上相异，但在形式上是相同的。例如，水、食物、隐蔽地等是动物生存的必要条件，水、食物和人居环境同样也是人生存和发展的需要；为达到"健康态"，动物与人的体内机能都表现出持续的自我调整、自我更新和自我复制；人和动物都具有一定的寿命，并且在其生命周期内对疾病和外界环境变化都具有一定的抵抗能力。

2．自然选择与人工选择

生命，尤其是动物与人类的出现是地球演化和生物进化过程中发生的重大事件。大约在35亿年前，地球上诞生了最原始的生命。经过漫长的生命演变，大约700万年前，古猿转变为人类始祖（原始人类）。从达尔文的生物进化论描绘出的生物谱系树中可以看出，人在整个生命进化过程中晚于动物。当今社会，凭借科技和经济的支撑，人类社会正在高速发展，人类成为社会的主宰，这似乎改变了人类作为一个物种的属性。

正如美国学者比尔·麦克基本（Bill McKibben）在1989年出版的《自然的终结》中所言，人类已经成为地球的主宰，并且超出了自然选择的范围，人类正在依靠科技手段的人工选择替代自然选择。但是，与此同时，人类面临着新的矛盾——生物机体与科学技术疯狂发展所产生的无止境的欲望。比尔·麦克基本既发现了人有别于自然、超越自然，同时也发现了人离不开自然的尴尬局面。

在生态伦理学的研究中，吉林大学教授刘福森于1995年首次提出了以人的生存为基础的"发展伦理学"，突破了我国学者的自然中心主义的生态伦理观点。他指出，以科技为基础的人工选择，使人类个体得到充分享受的同时，整个人类物种却产生严重退化。电脑使人的手写能力衰退，汽车使人行走的肌肉功能萎缩，越来越多、越来越年轻的人患上糖尿病、心血管疾病等慢性病。

美国从1991年开始的"生物圈二号试验"在经历了2次实验之后宣告失败。实验表明，依靠科技进行的人工选择根本无法取代生物圈的自调节机制。生物圈的自调节机制是地球生态系统必然的自组织过程，是地球生态系统运行的自然选择。

今天人类面对的自然可以分成两种：一种是自在自为的"第一自然"；另一种是人为改造的"第二自然"。两个自然都在地球生态系统中，曾经经历和正在经历着地球生物圈自调节机制的选择。动物与人类一样都要接受自然的选择，就是对上述意义的完整诠释。

动物和人类都要接受具有"整体支配并决定部分"机制的自然选择。这样的自然选择是客观的，既不以动物也不以人的意志为转移，同时也是动物和人进行自我调控的选择机制。但现实却充满着遗憾。野生物种正在加速灭绝。2020年9月，联合国秘书长古特雷斯在生物多样性峰会上表示，目前有100万物种受到威胁或濒临灭绝。世界自然基金会发布的《地球生命力报告2020》报告显示，过去40年，地球生物多样性降低了68%。恶性疾病的困扰也上演在越来越多的个体身上。究其原因，人类的行为在使其他动物面临绝境的同时，人类也正在遭受大自然的"报复"——生物圈自调节机制的惩罚。

新时代语境下的环境保护、可持续发展和生态文明，是人们从社会良性发展的政治高度来保护生态环境。现代生态伦理、动物伦理学说的发展和应用，也是中国传统文化"天人合一"的和谐共生理念的"再生"。终其目的，就是实现人与动物的协同可持续发展，人与其他动物能主动或被动地适应地球生物圈的自然选择。

二、人的价值与动物价值的差异性与统一性

（一）差异性分析

人的价值与动物价值具有明显的差异性。亚里士多德在灵魂学说中对灵魂的三个分类以及笛卡尔"动物是机器"的思想中对此都有论述。

亚里士多德在《论灵魂》中对自然物进行了死物与活物的分类。其中，只有活物是具有灵魂的。灵魂又是分层次的，包括3个层次，即植物（plant）的灵魂、动物（animal）的灵魂和理性的灵魂（reason soul）。灵魂的最低级部分是植物的灵魂。属于灵魂的中级部分的动物灵魂分为营养和感觉两个灵魂。理性的灵魂是灵魂的高级部分。人被界定为理性的动物，人的灵魂表现在营养、

感觉和理性三个方面,是人之所以为人的根本所在。何为理性?笛卡尔在《谈谈方法》中提出了"我思故我在"的理性直观命题。其直译为"通过思考而意识到了(我的)存在,由'思'而知'在'",没有理性也就不成为人。康德在谈及动物的责任时,也认为人的价值与动物的价值完全不同。康德认为动物的存在是为了人而存在的,动物只具有人类的工具价值,"人对动物只有间接的责任,对动物的责任实际上是为了人",人对动物要友善,一个对动物残忍的人也会变得对人类残忍。

通过对灵魂的分类,亚里士多德展现了人与其他动物的本质区别。从生存状态上来看,正常的人拥有三个灵魂,但作为病态的人——动物人、植物人则只有两个灵魂或一个灵魂。对于人与动物的区别,笛卡尔和康德则从理性的视野加以区分。除了常见的动物,例如家养和动物园中的动物,还有大量野生动物存在于世。从环境生态学的视野下,无论野生动物与人类有何不同,地球生态的健康不能没有它们,多样的生态系统与丰富多彩的生命形式共同构筑了地球的生态平衡。

(二)统一性分析

本质上来说,康德式的动物伦理中,动物只具有人的工具价值的论述,其本身同样内涵着人与动物关系的伦理意义。从人与动物差异性的视角,康德重新界定了人与动物关系统一性的辩证逻辑。康德告诫我们应如何对待动物,并对照人的存在和发展,认为人对动物负有责任。人具有理性(理智性),是与动物的差异,理性所体现的不是征服能力,而是人是负责任的道德行动者,能友善地对待动物,并从道德的角度不断反省自我。与动物社会相比,只有人类社会才具有文明。判断个人或者国家、社会的文明程度，其对待动物的态度是考察的指标之一。

汤姆·雷根认为，生命共同体包含动物与人，人属于自然的一部分；动物与人以及其他任何生命形式，都是生态系统的结构和功能与生态系统的稳定性的重要组成部分。任何生命形式本身都具有内在存在的价值，即保持地球生态自调节机能的价值。这种内在价值既符合人类、动物及其他生命体的不断繁衍、长流不息的目标，同样也遵循了生态系统（生物圈）演化的秩序。因此，将康德和汤姆·雷根的论述纳入"有主体意识的生命体"框架中来，在价值层面上，揭示了人与动物之间是具有差异性的统一性。

三、利益的"常态"与"失态"

（一）人的利益的常态与失态

人的利益的常态主要指满足人的生存、健康和发展需要的正当的基本利益，它涵盖人的基本生存空间、基本的食物需求与供应以及对人的其他多样性需求的适度满足和生态环境条件需要的满足。总而言之，人的利益的常态就是出于基本生存和发展的需要，对人的正当需求的满足。人的利益的正当需求体现在3个方面：首先是生存的需求，即对人类衣食住行的基本满足；其次是安全和健康的需求；再次是实现个人正当价值和履行社会义务的需求，即正当地实现个人的自我价值。实现个人价值与履行社会义务相统一，是把个人利益与集体利益有机结合，保证人类利益常态的必要手段。在此框架下，人与动物的利益关系受生态文明的制约，纳入伦理考虑的范畴，形成动物伦理知识体系，并借助动物伦理的原则与规范，调整和规范人的行为，弘扬和维护良好的生态文明的社会秩序，这是人类利益常态发展的重要方式。

人的利益有常态也有失态。人类利益的失态主要体现在人类利益无限膨胀、人类利益的坐标扭曲甚至错位的现象。美国著名学者艾伦·杜宁（Alan Durning）在 1997 年出版的《多少算够：消费社会与地球的未来》一书中对人类利益的失态进行了淋漓尽致的描写。在消费异化社会，消费者变成了"消费怪兽"。爆炸性的消费欲望不是个人利益问题，而是人类整体利益的问题，更是人类利益失态的问题。这样的问题不仅来源于人的内在心理需求，同时也来源于社会生产。从本质上来说，没有人反对消费，但问题是消费什么和如何消费。人类社会的发展并不意味着增长或永远增长，因此，人类的消费也并不仅是物质上的索取和占有，人类要合理地区分物质消费和精神消费，精神消费特别是文化层面的欣赏在改变人类消费异化现象、纠正人类利益的失态方面，不失为一剂对治的良方。

（二）动物利益的常态与失态

动物利益与动物需要、动物福利、动物生存、动物健康等概念紧密相连。动物利益通常可以理解成，为了满足动物生存和健康所必需的物质条件和生态条件。动物利益的常态是指动物为了维持个体生存和健康所需的自然资源和环境条件。动物的常态需要包括水、食物和隐蔽地，也包括为了维护种群生存和健康所展开的种内竞争和种间竞争。在地球生态系统中，每个群落都拥有垂直结构和水平结构，寒温带的老虎、亚热带草原的狮子以及丘陵中的狼，形成了水平生态结构中不同物种的二维生态位；空中飞鸟、水中的鱼类以及陆地上的兽类，构成了垂直生态结构中的三维生态位。与人类的职业定位及社会角色相比，在"生态社会"中，不同物种的动物都有它们各自的角色定位，都在履行各自的"岗位职责"，不同物种之间、同一物种内部斗争性构成了"生态社会"整体的稳定性。动物利益的常态是在整个生物圈、生态社会中处于被评价的、被选择的、被固定下来的地位。生物个体的消亡通常要以物种的状况来决定，而物种的消亡则往往以群落、生态系统乃至生物圈的整体状况稳定来评价。归根结底，动物利益的常态受制于动物内在的遗传和外在的自然选择两方面因素的共同影响。

　　动物利益的常态和失态是一对范畴，用以描述动物孕育、生长、衰老和死亡的过程。生与死在自然生态中是一对必然，同一物种生生不息地繁衍是同时并存的物种多样性的逻辑补充。因此，动物利益的常态在某种意义上来说是相对的，在生物圈中动物利益的失态却是绝对的、必然的。在动物群体中，常见到动物将自己的幼崽养育到成年，但从未见到养老。动物利益的失态存在一个过程，失态不是死亡更不是物种的灭绝，而是动物群体稳定状态的波动。但是，动物利益的失态的恢复弹性具有一定的限度。由于外界客观条件的强烈冲击和干扰导致常态变失态，这种状态在一定的弹性恢复限度内可以调回为常态。因而，从保持动物利益的常态概念来说，其并不是静态的，而是在常态与失态之间不断地交替往复，并以专用术语"承载阈限"来描述这种不断交替的状态。当然，物种的自然灭绝对于整个自然生态来说也是不可或缺的组成部分。这种状态下，动物利益的常态转变成失态是物种演变的一个必然过程，并不意味生态系统和外界的客观因素伤害了动物。

四、需要、利益和价值

需要、价值和利益的概念是动物伦理中涉及人与动物伦理关系无法回避的基本概念。依靠这些基本概念，人们可以更好地理解动物伦理作为人与动物关系的伦理信念、道德态度以及行为规范的理论体系。

动物的需要主要体现在自然界中动物种群意志的个体表达。动物个体的数量和质量是物种存在和延续的必要条件，同时也体现为动物个体行为的需要。这在社会型动物种群中表现尤为明显。比如蜜蜂是社会性昆虫，过着群体生活。蜜蜂的等级制度非常森严，为了蜂王的安危，工蜂会不惜牺牲自己。这种蜜蜂个体的牺牲（消亡）成为蜜蜂种群延续的内在需要，是当且仅当蜂王遇到极度危险的时候才会出现。每年春秋时节，大雁会在南北方之间迁徙，路途遥远，飞行艰难。在长途旅行中，雁群的队伍组织得十分严密，常常要排成"一"字或"人"字形，这同样是大雁种群整体信息转变成个体行为的内在需要，是为了雁群在旅行途中的行动效率和安全所做出的自然选择。

在人类看来，动物的群体指令变成个体的内在需要，具有深刻的内在价值。可以解释为动物个体的行为是为了它自己，同时也是为了动物种群的集体利益。霍尔姆斯·罗尔斯顿（Holmes Rolston）认为群体指令是一种历史积累的成就，具有系统价值。达尔文认为这是自然选择发挥作用的方式，系统的价值是一种选择机制，在系统价值的选择下，动物个体的内在价值与工具价值同时发挥作用，使得动物个体、种群、群落和整个生态系统之间相互依存、相互作用，从而保证生物多样性和生态圈的稳态。

动物与人类之间在需要、价值上的冲突，则主要表现为利益上的冲突。极端人类中心主义（或者叫作"人类沙文主义"）以人类利益为唯一尺度，最终必然会损害人类的利益，走向人类自己的反面。环境实用主义是美国环境伦理思想的一个主要流派，也是西方环境伦理学研究领域的一个十分重要的派别。环境实用主义的代表人物，美国生态伦理学者、哲学家诺顿（Norton）认为，人类要想在地球上与其他生物共存，就必须从极端的人类中心主义走向弱化的人类中心主义。诺顿告诫人们，必须满足人类的某些需要，才能实现人类的繁衍、生存和发展，但不是人的所有需要都必须被满足；能够获得合理性评价的或者应当可以满足的需要，只能是那些经过谨慎的生态世界观、价值观、生态美学和伦理学观选择后的那些人类需要。简而言之，人类的需要不全部都是合理的，合理的需要只是那些"益于人类、促进生态"的需要。基于此，人类的利益与非人类动物的利益应当结合起来，统筹兼顾。依照此理论脉络，功利主义者，即效益主义（utilitarianism）者，自认为是十分"无私"的，他们在考虑效益计算时重视不偏不倚（impartiality）的原则，完全根据行为的结果，即所获取的功利来评价行为的善恶。因此，他们认为不管动机如何，只要结果是好的就是符合道德的。实事求是地说，行为的结果一般是很难断定的，因为仅根据人类的目标、需要、价值行为和评价，只能得出基于满足人类需要的结果，而且这样的结果只能是当前或近时期的人类评价合理性的结果。至于长远的超出人类之外的对人与自然关系的评价，则需要借助科学知识和人类良知。如果人类的良知只局限于人本身，而不顾其他非人类动物及生态环境，那么这种功利主义的结果论（consequentialism）产生"非目的性效应"是必然的。其结果必然不由人类控制，更谈不上伦理责任。所以，功利主义者在人与动物关系的伦理拷问上是有缺陷的，不仅仅是这些，实用主义的动物伦理也不高尚，因为动物伦理的目的，更重要的是提升人的道德情操和道德修养，不能局限于实用。

随着以经济和科技为中心的现代科学技术的飞速发展，维持动物利益的常态遇到越来越多的挑战。动物个体的数量和质量是物种存在和延续的必要条件，同时也体现为动物个体行为的需要。动物个体价值、种群的内在价值与群落和生态系统的系统价值相互依存、相互作用，后者决定并支配前者。动物伦理既不是功利主义结果论的伦理，也不是实用主义的伦理，而是"益于人类、促进生态"的动物伦理。

第二章　西方社会动物伦理观

第一节　人类中心论与机械哲学观

在西方社会，人类中心论和机械哲学观被称为盘踞在欧洲上空的"两朵乌云"，它们奠定了西方社会动物伦理思想的根基。两千多年来，直至西方动物解放运动广泛兴起之前，西方社会以这两种思想为根基对动物残酷屠杀和虐待，致使非人类动物饱受人类的剥削和虐待而且被无情地排除在人类的道德关怀之外。

一、人类中心论与西方动物伦理

人类中心主义又称人类中心论（anthropocentrism），是以人类为事物的中心的学说。古希腊以来，人类中心论价值观一直是支配西方社会文明进程的主导力量。人类中心论与神学世界观相联系的，最终发展为人统治自然，一切都以人的价值为尺度的价值论。人类中心论是动物遭受残酷屠杀和虐待的思想根源。在环境保护主义者看来，与性别主义类似，人类中心主义本质上就是人类沙文主义，人是一切生物的统治者，也是一切价值的来源、一切事物的尺度，这种思想深植根于人们的文化和意识之中。西方文化作为人类中心论的沃土，人们可以从哲学和神学追寻到人类中心论的历史痕迹。

1. 哲学中的人类中心论

古希腊哲学家普罗泰戈拉（Protagoras）最早对人类中心论进行了表述，"人是万物的尺度，是存在者存在的尺度，也是不存在者不存在的尺度"。普罗泰戈拉的命题主要是针对"神意"而言的，目的在于贬低神的作用，提高人的地位。事实上，由于普罗泰戈拉的命题强调了人的作用，万物存在的"尺度"在于人，因而从动物与人的关系上来说，在这一命题里动物的道德地位被相应地弱化了。普罗泰戈拉之后，柏拉图又从人的"理念"出发，构造了一个以人的"理念"为中心的世界，动物在道德中的地位再一次被人无情地削弱了。在柏拉图影响最大的著作《帝迈欧篇》中，他提出，人是最早出现的动物；人的头型非常接近球形，头是灵魂的器官；动物都是由人退化而成的，是人的灵魂投入低等身体的形状；对哲学一窍不通的人都变成了其他的四足动物。亚里士多德继承并发展了这种柏拉图式的歧视动物的人类中心论思想和态度。亚里士多德认为，在这个原本就是一个等级结构的自然界里，人类的理性能力是最高的，动物的存在就是为人类服务。《政治学》是亚里士多德的重要政治学著作之一，他在其中指出："在等级结构的自然界里，植物的存在就是为了动物的降生，其他一些动物又是为了人类而生存，驯养动物是为了便于使用和作为人们的食品，野生动物，虽非全部，但其绝大部分都是作为人的美味、为人们提供衣物以及各类器具而存在。如若自然不造残缺不全之物，不做徒劳无益之事，那么它是为着人类而生了所有动物。"如此，以歧视动物和贬低动物地位为主要思想的人类中心论成为欧洲思想界长期的主导思想。

文艺复兴运动之后，人类中心论的思想在欧洲得到进一步的发展。此时，笛卡尔认为，因为动物和植物没有灵魂只有躯体，因此相比于动物和植物，人是更高级的存在物，进一步来说，人不但具有躯体，而且还拥有不朽的灵魂或心灵。康德指出：对于动物，人类没有任何直接的义务。动物不具有自我意识，它只是人类实现目的的工具。动物本性与人的本性类似。他通过阐释动物的义务，进一步证明人类的本性，表达出人对其他动物的间接义务。至此，近代西方哲学对人的本质的探索，使人类中心论思想在西方传统观念上被牢固地确立了下来。

2．神学中的人类中心论

《圣经》讲述了上帝创造了人和动物的故事，这是基督教神学对人类中心论思想的最早表述。上帝创造了动物，也创造了人。《圣经·创世纪》开宗明义地提到，上主的"圣言"创造了天地，并且创造了天上的飞鸟、水中的游鱼、地上的野兽和昆虫等。上帝在创造完地理环境、各类生物以后，依据自己的模样造了人。按自己的形象造出男人和女人，说明上帝对自己创造的对象抱有极大的憧憬。因此，人成为上帝制造出来的最杰出、最有智慧、最引以为豪的作品。人作为上帝最有智慧和最憧憬的作品，当然可以代表上帝去管理动物。"按我们的模样造人，让他们管理海中的游鱼，空中的飞鸟，以及地上的爬虫走兽。"上帝赋予人类管理动物的权力，这种管理权正是人类中心地位的最初界定。但是，这种管理权在刚开始的时候是禁止杀生的。虽然人统治动物，但人和动物都以树上的果子和草为生，动物吃地上的青草，人吃水果和蔬菜。"上帝在创造人类以后就明晰地告诉世人：'看哪，我将遍地上一切结种子的蔬菜和一切树上结有核的果子赐予你们作食物。至于地上的走兽、空中的飞鸟并各样爬在地上有生命的物，我将青草赐予他们作食物'。"

由此可见，上帝起初并未允许人类将动物作为食物的来源之一，甚至要求动物之间也不允许相互餐食，但最终事情发生了改变。上帝最初创造的男人和女人——亚当和夏娃，他们起初生活在美好的伊甸园里，但在蛇的诱惑之下，他们偷吃了禁果。于是，邪恶之念开始萌发，人类开始堕落。对于人类的堕落，上帝认为始作俑者是蛇和女人。最终，亚当和夏娃穿着用动物皮做的衣服，被上帝逐出了伊甸园，人类对动物的血腥虐杀拉开了序幕。虽然《圣经·旧约》中有些关于善待动物的零散字句，但这微弱的呼声无法改变基督教义中对待动物的主流思想。于是，在《圣经·创世纪》中，人的主宰地位被最终确立，人被允许屠杀和食用其他动物，人类中心论在早期基督教神学中的原初形态也显现出来。

随着对自然的认识加深，早期基督教也逐渐将科学知识作为其理论支撑。亚里士多德在《形而上学》中首次提出"第一推动者"的思想。他认为，宇宙中的万千事物都是运动的，"任何运动着的事物都必然有推动者"，造物主（神）就是"第一推动者"（又称"第一推动力"），地球仍然是宇宙的中心并静止不动。亚里士多德首次把唯心主义思想"神是第一推动力"输进了神学的人类中心论中。公元 140 年，古希腊天文学家克罗狄斯·托勒密（Claudius Ptolemaeus）继承了亚里士多德关于地球静止不动的思想，并在其素有古希腊天文学的"天花板"之称的《天文学大成》中创立了地心说。在托勒密的地心说宇宙体系中，他认为地球是静止的并居于宇宙的中心，太阳、月球、星星都在围绕地球不停地转动。由于上帝为人类创造了地球，因而人是宇宙的中心。按照这样的逻辑理论，托勒密的地心说再次强调人类的中心地位不可动摇，为基督教神学提供了科学理论的支撑。公元 5 世纪至 15 世纪被称为中世纪，由于基督教会篡改了托勒密的地心说并占据社会的统治地位，人们往往认为这一时期是欧洲最为黑暗的时期，史称"黑暗时代"。在基督教教义中，上帝是世界的最高统治者，上帝创造了人，为满足人的需要上帝创造出宇宙万物。1266—1273 年，意大利中世纪神学家托马斯·阿奎那（Thomas Aquinas）创作了神学著作和哲学巨著《神学大全》，声称亚里士多德的第一推动力的思想和托勒密的地心说与基督教教义具有同等意义。阿奎那进一步声称，是上帝作为最高统治者把地球作为宇宙的中心，并把人安排在地球上。经过基督教会的篡改，地心说自此成为宗教神学宇宙观的理论基础，并在客观上为巩固基督教的统治服务。在欧洲教皇统治政教合一的统治下，西方人们受地心说体系的束缚长达1400 多年。作为基督教教义中歧视动物的理论源泉的人类中心论和地心说，在中世纪欧洲黑暗大地上，造成动物大量惨遭杀戮和虐待。

二、机械哲学观

　　机械哲学观，即机械论（mechanism），是一种自然哲学，它对近代科学的发展有着高度的影响。机械论是一个较为复杂和持久的形式，是一个在运动中的、完全受制于物理学和化学规律的客观存在的体系。机械论认为，整个自然界或宇宙就是一部像齿轮或滑轮一样的机器。人类在古希腊时期就有生物是机器的猜测。作为近代唯心论的开拓者和西方现代哲学的奠基人之一，笛卡尔创造了动物是机器的哲学谬论，这一谬论成为动物伦理史上最臭名昭著的理论。

1. 生物是机器

早在古代科学家的猜测中，就已经有一切生物是机器的概念，并用机械性的说明解释生物的生命现象。关于人和其他生物的形成，古希腊哲学家、原子唯物论的思想先驱阿那克萨戈拉（Anaxagoras）认为，既然一切生物都是机器，人们就可以假定，结合物中包含着各种各样的"种子"，这些"种子"带有各种形状、颜色和气味。这些各式各样的种子组合成了人，非人类动物（生物）也是由这些各式的种子组合而成。由种子进行组合而形成生物的方式显然是机械的。阿那克萨戈拉还断定，人还处于胚胎期时，就已存在着多种多样，决定形成人类头发、血管、肌肉、骨头和身体的其余组织的种子。这些种子就像是人类的食物，经过消化后，有些食物形成了血，有些食物形成了骨头等等。这些组织器官最终结合成为一个完整的人。显然阿那克萨戈拉的"种子说"等古代哲人的思想都只是原始的思辨的产物，但这些思想也客观反映了人类对生命最初的机械认识正处于萌芽期。

作为古希腊哲学家、预言者，恩培多克勒（Empedocles）认为一切事物都由水、火、土、气构成的。这些元素相互交融，构成了植物、人类、动物、神以及过去、现在、未来的一切事物。当然，这些元素起初生成的并不是人们所看到的完整的生物体，而是各种各样的器官，例如脸、手、眼睛。然后，这些器官再随机地组合在一起，最终组合的结果有的是正常的人或某种动物，有的是不能言喻的怪物。所有的生物都是由这样或者那样的器官机械地、偶然地组合在一起的产物。

　　古希腊哲学家、原子论创始人留基波（Leucippus）也曾涉足宇宙的机械构成。留基波认为，宇宙是无限的，其中一部分是充满的，反之，另一部分则是空虚的。所谓的充满和空虚就是元素。无数的世界（包括人类、动植物等）就是由这些元素构成的。留基波的学生、古希腊伟大的唯物主义哲学家、原子唯物论学说的创始人之一德谟克利特（希腊文：Δημόκριτος）也提出了万物由原子构成、生物是机器的思想。近代西方的哲学家们进一步发展了古希腊哲人对生物构成的机械认识，其中比较著名的就是笛卡尔的"动物是机器"的机械哲学理论。

2．动物是机器

　　14世纪中叶到17世纪初，欧洲发生了思想文化解放运动——文艺复兴。人文主义（humanism）作为文艺复兴的核心思想，它反对神的权威，主张把人从中世纪的神学枷锁下解放出来。彼时的人们也期待可以改变动物的地位。然而事与愿违，笛卡尔的机械哲学理论给动物带来了痛苦的后果。

　　笛卡尔对机械哲学理论作了最为系统的而且影响深远的表述。1644年，《哲学原理》作为笛卡尔的代表作用拉丁文首次出版。随后，论述动物和人都是宇宙的重要组成部分的著作《论宇宙》，以及《论人类》和《论胚胎的形成》等专门论述生物学的专著先后出版。在这些著作中，笛卡尔从经典力学原理的角度，对生命活动进行了完全机械的说明。笛卡尔认为，所有物质的东西包括动植物都是机器，它们始终被机械规律所支配；一切由物质构成的东西，如同一只时钟受机械原理的支配。笛卡尔以"奥卡姆剃刀"清除了动物身上具有感觉灵魂的设定，在《谈谈方法》中，

47

他认为动物没有思维，没有严格意义上的感觉和激情，是没有意志、不负有任何道德责任的机器（自动机）；动物没有理性与认知的能力，与人类相比也更为低劣。由于动物既不具有享受快乐的能力，也无法感知疼痛或感觉，所以人类利用动物并不违背道德，他主张大量利用动物做科学实验。活体动物实验在 17 世纪的欧洲非常盛行，由于当时尚未发明麻醉术，动物在活体实验时表现出极度痛苦的样子。"动物是机器"的机械哲学思想一经问世，实验者在动物活体实验时感到的疑虑和不安很快就解除了，以至于许多 19 世纪重要的生理学家为求得良心的安宁，都坚称自己受笛卡尔思想的影响，是笛卡尔主义者或机械论者。更有甚者，动物在实验时万分痛苦的挣扎和哀嚎，在一些生理学家看来顶多算是"机械的震动声"罢了。

西方神学和哲学思想分别以人类中心论和机械哲学观阐述了人与动物的关系。动物的悲惨状况，一直持续到现代西方动物解放思想发轫和动物解放运动蓬勃兴起。

第二节　康德式义务论

动物作为一种生命的存在者，在康德伦理思想中占据什么样的地位，以及人作为一种更高级的生命存在，应该对动物负有什么义务，一直是现代伦理学家，尤其是康德思想研究学者较为关注的议题。康德式的动物伦理观认为，由于非人类动物没有理性本性，因此，动物不能和人一样具有人格和拥有道德地位，人对非人类动物也不应负有直接的道德义务；然而基于道德人格的培育与德性的养成的需要，人应当对动物负有必要的间接义务。康德的动物伦理思想遭到许多反对者的拒绝和无情斥责，理性中心主义、人类中心主义和物种主义的标签随之而来。"双关性"是康德及其批评者都忽视的概念。通过探讨"双关性"概念，我们可以进一步探索，康德的间接义务论如何能够容纳一种特殊形式的直接义务论，当代动物伦理学理论的发展可以从中得到有益的借鉴。

康德的理论体系中曾多次提及"义务"这一概念。他先后在1785年出版的《道德形而上学的奠基》、1788年出版的《实践理性批判》和1797年出版的《道德形而上学》中予以论述。其中，康德在《道德形而上学》一书中对"义务"概念做了最为细致的分析。

在《道德形而上学》的"德性论"等部分，康德一方面具体阐述了他所理解的"义务"这一概念的内涵，另一方面，他还翔实地梳理了"义务"所能包括的外延问题。康德指出，从承担义务者与赋予义务者之间的关系视角来看，关于人类的义务概念，总体上可以分为人与人之间的义务和人与非人类存在者之间的义务。其中，人与人之间的义务还可以细化为人对自己的义务和人对他人的义务；而人与非人类存在者之间的义务又可以继续细分为人对低于人之下存在者的义务和人对高于人之上存在者的义务。换言之，"义务"不仅关系到人类个体的自身、他人，还涉及非人类动物、植物以及宗教中的神灵等种类。本节将在德国哲学家、德国性格学的创始人路德维格·克拉格斯（Ludwig Klages）创立的逻各斯中心主义的基础上，对康德哲学中人之于动物的义务作整体的分析。

一、他人幸福之说

相对于"自我完善说"，关于动物义务论述的"他人幸福说"出现得更早。"他人幸福说"的核心要义观点在于：禁止人类以粗暴的手段虐待动物的原因主要是担心人类残害动物的行为可能会成为一种习性，并以此类似的手段危害他人，最终危及人类自身对于他人幸福的义务。依康德之言，那些简单粗暴地、残酷地对待动物的行为是不合理的，"因为这种对待使人心中对动物苦难的同情变得麻木，而且一种在于他人的关系中非常有利于道德性的自然禀赋就被削弱了，并且被逐渐地根除"。因此，人类必须善待非人类动物，关爱它们，即便动物不是人类义务的直接对象。

在康德看来，由于动物自身没有意志和人格，无法有效履行自身应尽的义务，因此，动物不是义务的对应主体，"人对人，而且仅对人存在义务，因为人类对其他任何一个主体都是通过人本身的意志做出的道德强制。因此，必须首先是一个健全的人格才可能是做出强制的主体，其次，这个人格必须是作为经验对象被给予的，因为人应当对自身意志的目的产生影响"。赞同"他人幸福说"的学者普遍认为，康德的关于人的义务的论述，具有非常深刻的理论内涵，康德对人与动物之间的差别做出了一定程度的说明。而这些必要的说明，又直接关联到人对于动物的义务问题。概括来说，主要包括以下几个方面：首先，康德认为，一个客体是否能够成为人类义务的直接指涉对象，重要的是看这个客体是否具备意志（will），因为一种生物只有具备意志这一属性，才有可能使自己承担相应的道德约束，并对自己的行为负责，而不由自然法则盲目束缚。

所谓的义务，对一个纯粹依照外在的自然法则行事的动物而言是无所谓的，更谈不上所谓的责任，因为动物的行为与其自身的主观能动性没有任何关系。动物其实就是一个已经被设定好的钟摆，只能执行既定的程序。假如非要认定人类与动物存在某种道德关联的话，这样的关联是且只是动物背后的那个意志主体，而非其他的事物。其次，道德义务所涉及的不是事物（thing），而是人格（person）。作为一种既无理性又无感知能力的存在者，动物只具有手段意义上的相对价值。反过来说，"理性存在者之所以被称为人格，是因为它们的本性就已经使它们凸显为目的本身，亦即凸显为不可以仅仅当作手段来使用的东西，所以就此而言限制着一切任性（并且是敬重的一个对象）"。

如此说来，动物具有人格吗？康德做出了最直接的答复：没有。因为动物虽然具有感知能力，但它不具有理性，只有具有理性的存在者才有人格。因此，只有人才是目前所知道的唯一具有人格的存在者。人是当前唯一不能被其他意志肆意当成工具而被使用的生物，而且人是存在的唯一目的。

出于以上考虑，康德提出了"人是目的，而不是手段"的定言命令，即"你要如此行动，即无论是你的人格中的人性，还是其他任何一个人的人格中的人性，你在任何时候都同时当作目的，绝不仅仅当作手段来使用"。显而易见，康德的"人就是目的"的道德表述中，动物被当作了不具有人格的事物，完全排除在人的直接义务范畴之外。

实事求是地说，当人们否定人与动物之间具有直接的义务关系的时候，并不意味着人对于动物无任何责任可言。对于类似于动物那样没有道德人格与自由意志的存在者，康德坦言，人类实际上也有关于它们的间接义务，人们是在通过履行对自己与他人的直接义务中，践行着对动物的影响或关照。简而言之，即使人对动物没有直接义务，也不意味着人可以任意地虐待或残害动物。

因此，我们可以发现，对于动物的权益，康德其实是有所考量的，他并没有否定动物的存在以及人们对于动物所负的道德上的责任。但是，依照主张"他人幸福说"的学者们的观点，康德对于动物之权利的论述依然存在缺陷，对于动物本身的价值，康德始终没有给予足够的重视与尊重。例如，有学者曾经直截了当地指出，反对蹂躏动物并不意味着康德的出发点与落脚点都出于动物本身的利益，相反的是，康德担心"一旦我们苛虐动物成为一种习惯，必将会损害到我们自己的品性，进而不可避免地导致对他人的伤害"。在康德哲学理论体系中，动物的存在仅是作为一种媒介或桥梁，人们凭借动物的作用，可以指向其他理性存在者的人；在道德意义上，动物没有丝毫的绝对价值。彼得·辛格认为，一般来说，康德把对人的友善与对动物的友善放在一起进行考察，在表面上看来，二者并无显著的差别。恰恰相反，当探究人们为何要对动物友好的问题时，我们就会发现康德表面上反对虐待动物、残害动物，只不过是防止危害到其他人格或理性存在者的生命与存在，从而不能履行人们对他人之幸福的义务。

毋庸置疑，"他人幸福说"在某种层面上的确捕捉到了康德动物伦理的某一思想维度，所做的诠释当然也有其可取之处。然而，这并不意味着这一主张完美无瑕。诚然，依照康德的道德思想，善待动物可能有助于养成良好的品行，但即使是这样，也不能断定一个凶恶的动物屠夫就肯定不会践行对他人的应尽义务，两者之间没有必然的关系。以至于我们可以想象这样的场景，一个人在对动物大开杀戒之后，并不影响他践行对其他人之义务。假设"他人幸福说"的理论脉络是正确的，那么人们就很难对上面的案例给出合理的、令人信服的解释。实事求是地说，人们非人道或残忍地对待动物，有时的确会波及人们的心绪、情感，而且有可能影响到人们对于他人的道德责任，但毋庸置疑，二者之间没有任何切实的关联，当然也推断不出善待动物的人就肯定会担负起他人幸福的义务这样的结论。因此，对康德而言，虽然对苦难的敏感有可能支持道德上的正确行为，但是它并不一定会导致这样的行为。就此而言，关于自然的义务的传统诠释，并没有为道德行为者避免残害动物的行为作出充分的解释。换言之，传统的诠释虽然有利于安抚人的性情，但是这种益处对于道德的存在者而言并不是必然的。

综上所述，"他人幸福说"与康德的动物伦理思想并不一致。依"他人幸福说"学者的观点，虐待动物之所以是错误的，主要是因为虐待动物会引发人性的冷漠，人们进而虐待他人。更深入地分析，虐待动物将会导致人们把理性作为达到目的的手段，进而危害人性，无法践行人们对他人的义务。当然，康德也主张人应给予动物以一定的关怀，不应对动物施加暴力与痛苦。人类对动物的关怀或间接义务，并不能一概而论地认为是为了人对他人的直接义务而设立的；人类也不仅是为了更好、更有效地履行对他人的义务而强拉动物至人类的义务的场域。

二、自我完善之说

与"他人幸福说"的观点不同，"自我完善说"的学者们从人的自我完善的视角对人与动物的关系作全面的审视。主张"自我完善说"的学者认为，康德关于人们对动物的残暴行为和无辜伤害行为限制的原因，主要出自人对自身义务的考量，并非基于对他人之幸福的思量。康德认为："哪怕对一匹老马或者老狗的长期效劳心存感激（就好像它们是家庭一员似的），都间接地属于人的义务，亦即就这些动物而言，但直接地来看，这种感激往往只是人对自己的义务。"依据这种义务，人有成为"自我完善的人"的责任，即保存自我，并主动脱离野蛮的、不健全的状态，以实现自身完善性的需求，而善待动物则成为实现该需求的关键所在。

关于自我完善的问题，康德在其众多著作中屡屡提及。根据康德的观点，人们极易对"完善"（vollkommenheit）产生误解，"完善""有时可以被理解为一个隶属于先验哲学、合并起来构成一个事物的杂多之全体性的概念，当然也可以被理解为用于目的论的概念，这样它就意味着一个事物的诸性状与一个目的才有可能的协调一致"。换言之，人们对完善的理解具有两层意义，一是作为量（质料）上的完善而言，被视为包罗万象的全体性；二是就作为质（形式）上的完善而言，可以被视为诸性状之和谐的目的性。在这两种意义中，康德着力强调了后者，是人之完善的目的性，即人作为理性存在者中的人性之目的的实现。用康德自己的话说，"人有义务：努力脱离其本性的粗野，脱离行为上的动物性，越来越上升到人性，唯有借助人性才能为自己设定目的。通过教导来弥补其无知，纠正其失误，而这不只是他的其他方面的意图的技术实践理性（技艺）建议给他的，而是道德实践理性绝对地命令他这样做，并且使这一目的成为他的义务，以便和他身上的人性相称"。

大致说来，人的"自我完善"义务包括两个方面，即自然的完善与道德的完善。康德指出，作为理性的存在者，人有培养人之为人的义务，为此做出努力是人们的重要使命与责任。诚然，人在自我保存方面究竟应当走多远，虽没有一定之规，但却有准则可循，这个准则就是"培养你的心灵力量和肉体力量以适应你可能碰到的一切目的"。那么，应该从哪些方面培养你的心灵力量与肉体力量，以实现人之自然完善的目的或义务呢？毫无疑问，与此相关的培养方式是多种多样的，但是不可否认的是，除了对人的义务之外，对非人类的存在者的义务如对动物的义务，也是人们必须加以尝试学习的重要方式。康德认为，与这一方式背道而驰的义务是自杀、对自身的性偏好所做的非自然的使用，以及对自然的无度的掠夺。康德并不反对合理地利用自然以及自然之中的资源，但是他认为，人的任何行为都应该有个限度，在此限度之内都是允许的，而一旦超出这个范围，则将不仅被视为有害的，更应该看作恶的或有罪的。就此来说，粗暴和残忍地屠杀动物与人自身之自然完善的义务理论难相契合。

就人自身的道德完善的义务而言，亦是如此。在康德看来，人对自身道德完善的义务可以分为主观与客观两个方面。就主观而言，在于履行义务意向的纯洁性，即道德上的纯洁性。也就是说，人的道德行为中不能掺杂任何非道德性的东西，人的行动不仅是合乎义务的，而且是完全出自义务的。客观上来说，义务意向的完备性，即人自身的道德完善不只是体现在某一方面或某一时段，而是要在系统的道德目的中实现整个道德要求。虽说在现实世界中没有谁可以自负地说一定能达到这一目标，但是他却应该永远从一种相对完善的境地向另一种完善的境地前行。在此意义上，我们可以说，无论是为了成就人们义务的纯洁性还是完备性，都必然会涉及如何对待动物的问题，因为它们都被纳入到了人之自我完善的脉络中。

为什么会出现这样的情况？这当然与康德对人之道德完善的诫命有关。康德认为道德诫命与根本意义上的道德法则略有差异，确切地说，它是在普遍的道德法则基础上的行为准则。作为与义务相关的纯洁性和完备性的道德诫命，"你们要圣洁"与"你们要完善"并不就是道德法则本身，它们只是基于道德法则之上的可供人们抉择且用以培育人们之善良意志的规则。

换句话说，康德的道德诫命与亚里士多德的实践智慧有些相似之处。在某种程度上，它只规定了人们应该完善自身的义务，但至于如何完善、什么时候完善则需要具体问题具体分析。由于人类个体的资质不同、秉性各异，人们应当在什么环境、什么时刻去健全自身的道德，很难给出细致的规定。用康德的话说，此处明确规定的是"行动的准则，而不能是行动本身"，它为人的自由任性（willkür）留下了一个活动空间，没有确定地规定人们应当如何通过具体行动为义务目的的实现而发挥作用以及发挥多少作用。当然，这一行动的准则并不是可以随意地发挥的，它不能被理解为对道德法则之例外情形的一种许可，而只是一个义务准则被另一个义务准则所限制的许可，由此自然就扩大了道德实践的范围与领域。就此而言，这一领域与范围不仅包括人对人的义务，而且还涉及人之于动物的义务。在此层面上，如果人们以非人道的手段对付动物，无辜地残害它们，无疑会损害人们道德上的仁慈之心、善良之志，进而影响到对于自身之道德完善的义务。

在此意义上，当看到一匹服侍主人多年的老马被杀害时，人们没有伸出援助之手，此时此刻与其说人们冷漠、自私与麻木，不如说人们丧失了一次应该履行而没有履行义务的机会。面对动物的苦难而不设法解决或减轻它们的痛苦，就等于错失了培育自己德性的契机，而这一契机恰恰是构成我们道德之纯洁性与完备性的重要时刻。正是如此，康德曾经不厌其烦地一再重申他的这一立场，即纯然无意义地毁坏自然中无生命的东西是有悖于人对自己的义务的，"因为这种毁坏削弱或者根绝了人的这样一种情感，这种情感虽然并非独自就已经是道德的，但毕竟至少为此准备了感性的那种对道德性有很大促进作用的情调"。由此可以看出，康德不仅重视善待动物对人的道德价值与道德完善上的义务的影响，在某种层面上，他的立场还涉及审美情感对人之德性禀赋的陶冶作用。

三、逻各斯中心主义视域下的动物义务

所谓人格中心论，就是指那种把目的或意义奠立在人格之上的思想形态，主张人且只有人才具有绝对的或无条件的价值，与此相对的一切其他东西只是事物而已，就算存在价值，其价值也是相对的。无论是道德法则所依靠的自由意志、人的尊严所依凭的人性基础，还是视人为目的本身的命令，它们无一不与人格相关。而人们之所以对他人的幸福和自我的完善负有无法推脱的责任，也正是因为"他人"与"自我"是人格性的存在者。实事求是地说，人格中心论的确把握住了康德道德哲学中某些要点，对人们认识康德哲学的独特性亦有很大的帮助。但是，如果将理性的存在者"人"径直理解为人格的化身，而不计其余的话，在某种层面上又是对康德理性主义的矮化与狭义理解。必须指出的是，我们对人这一理性存在者的敬重不在于它是不是一个彻底、纯粹的人格，而在于面对偏好的诱惑时，其人性中的理性部分是不是占据主导地位。就这一点而言，与其称康德的道德伦理思想为人格中心论，不如说是逻各斯中心主义更为合适。

按照艾伦·伍德（Allen Wood）的界定，逻各斯中心主义指

将义务奠立在理性之上的伦理立场，凡是具有理性，或部分具有理性，以及使得理性的道德义务得以实施的条件——不管是主观的还是客观的——都属于义务指涉的对象或纳入义务的范围。逻各斯中心主义与人格中心论不尽相同，前者涉及的范围较广，它不仅涉及理性中的人格这一核心要义，还涉及部分具有理性以及使理性得以践行的条件等内容。如果说基于人格中心论的立场，动物因为没有人格内涵而被排斥在人的直接义务之外，那么在逻各斯中心主义的视角下，动物则理应被接纳进人的义务所指范围内，因为正是动物唤醒了人的义务得以实施的主观条件，即道德感觉（sensus moralis）或道德情感。

当然，我们说道德情感是人的先天性状，并不意味着对它可以放手不管、听之任之，在某种意义上，道德情感也离不开后天的培育与维持，否则由于物欲之弊、气禀之私，人难免会变得麻木不仁，而对道德之敬重情感的培养与维持，必然会涉及非理性的动物等物种。在此意义上，与人有着正当关系的动物，被纳入了人的义务的指涉领域。

首先，我们看到，即使在康德最严格的哲学意义上，动物也是迄今为止最接近或潜在的拥有理性的存在者，它们理应得到人们的尊重。其次，按照康德在《纯然理性界限内的宗教》中的分析，动物也是迄今人所周知的、与人共同具有生命情感或动物性禀赋的物种，这种特点也使得人对于动物的义务变得可能和易于理解。众所周知，康德在"论人的本性中向善的原初禀赋"时曾经指出，人与生俱来拥有三种不可剥夺的向善的禀赋，它们是动物性（tierheit）、人性（menschheit）以及人格性（persönlichkeit）的禀赋。其中，动物性是人与动物共同拥有的根本属性。它有三个特征，一是保存自身的生存；二是繁衍自己的族类；三是社会本能，也就是与其他人共同生活的本能。从康德的伦理思想来看，人的动物性几乎可以等同于人的自然偏好，然而我们如此理解它，并不意味着这一自然偏好因此就应该受到歧视，相反，依康德之见："自然的偏好就其本身来看是善的，也就是说，是不能拒斥的，企图根除偏好，不仅是徒劳的，而且也是有害的和应予以谴责的。"可以毫不夸张地说，康德从未将人与动物的基本需求与共同本能视为低级的或邪恶的，相反，他一直认定，动物性是一种向善的、不可根除的禀赋。人不只是应被看作理性的存在者，更应该被视为有理性的动物。对于具有善的性质的动物性，只要善加控制理性，不至于滥用，它就能够在人与动物之间激发起真正的道德情感，进而将其奠立在彼此"互相传达的能力"之中，而与此同时，这一道德义务的主观条件（即道德情感）必将把义务的矛头径直引向动物本身，最终实现人之于动物的义务。

假若上面的推论是合理的，那么可以看出，凡是主张将动物完全视为工具的看法都是有待商榷的，毕竟在一定意义上，只要与理性相关的生命物种，我们之于它的情感不全是病理学的，那么它们都可以、也应该被纳入康德之义务的范围之内。

与此相对，假如我们因为不能在动物身上发现完全的理性因素而将其排除在人的义务之外，那么这将不仅违背基本的认知常识，更与康德对待残疾和人格有缺陷的人的态度不相符合。依康德所见，对于那些精神失常且患有严重疾病的人，我们不应该报以冷漠的姿态不闻不问，更不能将它们视为事物或手段而加以抛弃，相反应该将其当作目的来对待。比如说，就算一个孩子先天智障，父母也要不遗余力地照顾、呵护和教育他，因为我们尊重的不仅是具体的理性，也是抽象的理性，甚至是那些仅仅包含促进理性之前提的要件也在敬重之列，即便它们现在还是不充分、不完备的。

因此，一旦我们理解了康德关于逻各斯中心主义与道德情感之间的关系，就不难看出，对理性以及与此相关的存在者的尊重，必然限制着人们对一般非人类存在的肆意妄为。康德不仅拒绝粗暴、残酷地对待动物，同时也认为对动物"纯然为了观察而进行的折磨重重的自然实验，应当遭到憎恶"。在动物的身体力所能及的情况下，人们诚然可以动用它们、驱使它们，但是一旦超出它们的承受能力，则是绝对不能向它们滥用权力的。诚然，日常生活中，人们是免不了要食肉的，最为合理的方式是"利落地、没有痛苦地进行宰杀"。其实，不只对动物如此，即使是对自然界中的各种植物，康德亦保持着一种敬畏心理：不能随意破坏。康德认为，就自然界中那些美的但却无生命的对象而言，纯然毁坏它们与人对自己的义务相悖，因为这一毁坏必然会削弱或根绝人的道德情感，而这一情感毕竟对人的道德与义务的促进有着非常重大的意义。康德这样说的意义，似乎是因植物对人类有利才被珍视之嫌，事实上则不然，康德承认自然美独立于人的价值。正如伍德的分析："康德显然认可自然美有独立于理性存在者的理性之外的——即不仅仅作为手段——价值。"

总而言之，就康德的人之于动物的义务这一思想而言，无论是"他人幸福说"还是"自我完善说"都有所偏，至少都没有完全覆盖康德的动物伦理学说与理论。"他人幸福说"的缺陷是明显的，现实中大量的事例可以证明，人们在虐杀动物的情况下完全能够践行对他人应有的义务。不容否认，残酷地对待动物的确在某种程度上对人的情感会有所波及，但是我们并不能由此得出这一情感的波及必然会悖逆对他人之幸福义务这一结论。与此相对，

"自我完善说"更为强调粗暴地凌辱动物对人们自身完善这一层面的消极意义。表面上看，它比"他人幸福说"更具为根本，也更具说服力，然而即便如此，它依然没有摆脱蕴含于前者之内的、将动物视为手段的题中之意。无论是为了他人的幸福还是为了自我的完善，它们指向的都是将动物作为工具，以实现人的这一目的的根本倾向没有改变：动物本身没有独立的价值与意义。为了摆脱这一窘境，以艾伦·伍德等为代表的学者认为，如果将康德哲学解读为严格意义上的人格中心论，那么上述两种主张将是必不可免的结果。然而，一旦跳出这个视角，站在以逻各斯为中心的立场，我们将会看到，康德对那些凡是相关于理性的以及构成理性之必要条件的对象都负有义务。在此意义上，我们即使没有"对于"（to）动物的义务，也不可避免地有"关于"（regarding）动物的义务。因此，康德的动物伦理思想虽说与人们现今的观点不尽一致，但无论如何，他从理性的维度为人们提供了一个重新审视人与动物之关系的视角。

第三节　基于社会契约论的动物伦理

社会契约理论无法容纳针对动物的政治义务，因为社会契约理论要求各缔约方需要具备大致等同的体能和精神条件，要求缔约方具有同等的自由、应当受到同等的道德考量。社会契约理论之所以优于能力方法（capabilities approach），是因为其将针对动物的正义共同体的范围限定在人们能够认可的正义主体以及与人们拥有政治关系的范围之内。

一、大致等同的体能和精神

大多数经典的社会契约理论家们要求各缔约方具备大致等同的体能和精神力量。霍布斯（Hobbes）认为，之所以需要社会契约，是因为对某人而言，另一个人既可能同样地杀死对方，也可能同样地脆弱，能力上的相似是人类道德平等的基础。在传统社会契约理论中，这种平等为契约的形成提供了最基本的动因。"如果我们能够持续地主宰一个生物，我们就会这样做，而不是通过契约的工具来保障与对方的合作。"基于此种逻辑，动物不能被纳入社会契约，因为更强大的缔约方不会具备签订这种契约的动因。

人类个体对很多动物而言是脆弱的，不仅仅对狮子、熊这样的捕食者，就连对狗、猪这样的家畜而言亦是如此。类似地，霍布斯特别指出，审慎（prudence）对动物和人来说都很常见（审慎而非其他任何更高级的理性形式，才正是理解社会契约所需要的）。霍布斯没有特意将动物排除在外，他更在意的是把契约中所有存在潜在问题的人类都包含进去。据此，他大大降低了缔约者标准，使得很多动物得以越过了该标准。唯一的问题可能是这些动物的能力会对人类构成威胁。

根据霍布斯的观点，妨碍动物加入社会契约的是它们"不理解我们的语言，不理解也不接受任何权利的让渡（translation），不能让渡任何权利给他者。而如果没有相互接受，就不会有协约"。可见，在霍布斯看来，是交流障碍而非不平等阻碍了动物进入契约。由于动物无法理解契约的条款，它们不能同意也不能被假设同意。当然，如果人们要根据动物们的理性认同来确保它们服从契约的条款，那么缺乏认同能力确实会打消人们将动物当作契约人的动机。按照霍布斯的逻辑，对于那些非常弱小、根本不可能杀死人类的动物，正因为它们不会对人们构成威胁，所以人们愿意根据自然法则（natural law）的道德准则来对待它们。毕竟从根本上讲，正是不安全感妨碍了自然法的其他相关规则成为在自然状态下支配人们行为的律令。根据自然法而不违背第一自然法则（the first law of nature），那些不会威胁人类安全的动物，也可能被当作是为了保护（preserve）人类的。

二、同等的自由

英国哲学家约翰·洛克（John Locke）认为，动物被排除在社会契约之外不是因为它们太弱小、无力抵抗人类，而是因为动物不具有和人类同等的自由。他依据人类卓越的理性在人与动物之间画了一个严格的界限，"我们天生自由，因为我们生来是理性的"。沃尔卓（Waldron）同意并有力地论证了洛克将抽象思维能力当作人类独有的特征，他认为正是这个特征决定了任何人将自然权力施加在他人身上都是不恰当的。他坚持认为，神学语境对洛克关于人类平等的论述是不可或缺的。没有神学的语境，就不会有区分人和动物的基础，人类也就无法在道德上让自己高出动物一等。

但洛克并没有坚持上帝赋予动物的主要目的就是为人所用。这表明动物对自由的感受与人对自由的感受不在一个层次上，或者更确切地讲，自由对人来说更为重要。这种观点也被后来的绝大多数自由主义理论家们所采纳。自由主义者认为，人类珍视自由是因为自由让人们创造并遵循某种生活计划，这对人的幸福来说是一种不可缺少的体验。没有这种意志自由（autonomy），动物们也会快乐，它们可能是真实的"幸福的奴隶"。即使忠实的动物权利的拥护者通常也承认，非人类动物不具备人类感觉上的经过理性选择的生活计划。

剔除神学论基础，洛克的原则也许无法为人际平等提供可靠的基础。洛克的原则可能也无法为人与动物的不平等提供一个可靠的基础。20 世纪人类对动物认知、行为理解的日益深入以及人类自身的道德感都引导我们思考，很多动物是否具有某种与我们相似的生活计划，尽管这种计划部分或绝大部分出于本能，但仍然应该被视作一种属于它们自己的独特的生活方式。简而言之，动物们可能拥有完全不同的理性方式，或用完全不同的方式和智慧与世界交流，但这种不同并不意味着它们就不能享有与人类自由相当的道德价值。

根据英国学者玛丽·米哲蕾（Mary Midgley）和玛丽·安妮（Mary Anne）对道德考量的思路，从政治意义上考量一物是否具有天然的自由也许可以基于多种基础（且这些基础不是一成不变的）。有些人自由是因为他们是理性的，有些人自由因为他们是敏感的、有意识的且具备高级的适应能力。对某些特例的磋商和争论可能会引发出一些其他的有关道德平等的基础。社会契约理论所要求的只不过是要求缔约各方认可，必须以一种生来不是他人奴隶的态度对待他者（人类或至少某些动物）。需要指出的是，这些动物当然应该包括家畜（domestic animals），尽管它们似乎最接近自然地处于人类主宰之下。很多家畜以目前的形式存在是因为人类为了自己的目的而繁殖、饲养它们，但饲养并不意味着动物"自然地"隶属于人。如果不承认这一点，那么同样的逻辑也可以应用在人身上。卢梭就曾将人描述成家养动物。但显然，卢梭并不认为这意味着任何个人是自然地（在自然法意义上）处在其他某个人的主宰之下。这种相互依赖的关系可能会造成政治上屈从的危险，但这正是为什么在没有自然主宰时，人们需要社会契约来规约政治关系的原因。

三、"同意"的原则

在《正义的前沿》中，美国学者玛莎·努斯帕姆（Martha Nussbaum）认为动物无法签订契约。"如果用一种非常基本的方法理解，契约既包括人又涉及动物的整个想法是荒谬的，这种想法缺少能帮助我们思考的明确的情节……因为动物无法签订契约。这一点阻碍了我们真实地想象，这样的社会契约会是什么样子。动物拥有的智力类型不是我们能够想象的签订契约过程所要求的那种。"努斯帕姆认为契约工具作为一种启发（人类对动物的义务）的方式是没有用的，因为我们无法想象让动物表达同意意味着什么。这实质上类似于反对将动物纳入社会契约，甚至根本反对将动物作为正义的主体。

但正如米奇利表明的，这种观点言过其实。如果表达同意意味着接受某种事件的状态，那么似乎某些动物是能够表达同意的。罗斯玛丽·瑞德（Rosemary Rodd）曾指出，很多动物确实具备选择的能力。"如果有几种其他选择，我们就能经常发现动物们喜好什么。"人们对待动物与对待儿童和智障者一样，都必须通过借助某种想象的重构来判定，如果具有完全理性，它们（他们）会作何选择。如果社会契约的逻辑能够应用于少数政策选择，那么将其应用于更广泛的原则也不应该是"荒谬的"或完全违反直觉的。正如美国环境哲学家克里考特（J. Baird Callicott）等学者指出的那样，人类与非人类动物的互惠关系实际上非常普遍，"家养动物契约"的思想在畜牧业中很平常，这说明很多人已经发现，动物与人之间具有契约关系的思想，对深入思考人们对动物的义务有益。然而将社会契约理论用于家养动物误导性较强。对家养动物来说，问题不是它们是否愿意选择被饲养（这已经是一个既定事实），而是这些动物依赖人类生活是否比它们在野外生活得更好。她声称，这个问题实际上是无意义的。帕尔默并不否认家养动物从人类的照顾中获益。她想要强调的是，大多数家养动物无法在野外生，因此对它们而言没有真正的选择，因而对它们应用社会契约理论是不合适的。其实帕尔默的观点只适用于有限的家养动物，实际上只要气候适宜，野外就会有猫、狗、山羊及其他各种家养动物的种群出现。这也表明，有些家养动物的确拥有除被饲养之外的其他选择。即使对这些动物来说野外生活是肮脏的、残酷的、缺少食物的，但这并不意味着对它们不能应用社会契约理论。相反地，社会契约理论家们的重点在于，野外生活对人类而言也是不符合需要的，这也正是为什么会有社会契约，通常是人们的最佳选择。

有些家养动物已经完全失去了野外生存能力是对的，但如果用"自然状态"的社会与社会生活相比较来证明社会契约的合理性并不恰当。如同霍布斯所言，按照此种逻辑，几乎任何社会安排都能找到合理的辩护。如果唯一的其他选择是没有保护，那么人类和动物可能会认同压迫沉重的体制。假设一个人必须生活在某个社会当中，那么一群自由且平等的契约人会如何构建这个社会？社会契约理论不是让人们在社会和自然状态之间选择，而是在由不同正义理念指导的社会中进行选择。

四、能力方法的局限

正如约翰·罗尔斯所坚持的，正义的政治概念必须能够在一种合理多元的情况下赢得认同。社会契约的主体限于政治共同体的范围之内。社会契约理论的目的蕴含了这种限定：设计社会契约的目的是为了给政府权力的运行提供一个合理的公共基础，因此社会契约应用范围仅限于那些政府行使权力的对象。根据罗尔斯的观点，我们要把如何处理对外关系这样的问题单独放在一边，而要将关注的焦点放在按照国土划定的社群（共同体）之上，在此范围之内，政府独享合法使用暴力的权利。这个共同体应该既包括人类，也包括动物，因为有些动物和我们共同生活在这个共同体中。但我们仍需更准确地界定哪些动物是这一政治共同体的成员。

契约理论所指涉的义务来自它权限下的社群与动物们的政治关系。当政府直接管理动物（政府官员对动物运用政府职能或直接管理动物族群）或间接管理动物（通过确定私人个体应该如何对待动物）时，一种政治关系被明确地建立起来。然而，政治共同体成员与非成员的界限并不能完全按照法律规定或未规定的界限来划分。有些法律规定了的动物可能是昆虫，或者不具有充分感知能力、无法意识到我们把它们当作共同体成员的动物。相反，尽管法律也许没有涉及某些动物，但它们也可能是政治共同体的成员，这或许是由于它们不需要法律的保护，或许是因为人们还没有将法律拓展至它们。这里我们必须认识到，对人类和动物而言，成为政治共同体成员的过程往往都发生在产生政治关系之前。当动物卷入与共同体成员的某种关系，比如依赖和照顾的关系、家庭关系，共同体成员开始认识到这些动物具有应该受到法律和实践尊重的自身的善时，它们就成为了社会和政治共同体的成员。

因此，尽管在决定动物是否具有法律成员的身份时，某些实用主义的考量可能会参与其中，但那些享有与共同体成员普遍认可和重视的社会关系的动物至少应该是共同体的潜在成员。家养动物当然应该被包含在内，那些与人类共生、共栖的动物，如经常到鸟类喂养者那里觅食的鸟也有资格成为成员。但按照伊丽莎白·安德森（Elizabeth Anderson）的观点，害虫不是共同体成员，按其定义，害虫与人们的利益无法调和，它们因此不可能恰当地参与到与人们共同的社会合作方案中。从政治上讲，即使害虫生活在人们的房子里，它们也是人们的敌人，因此人们的法律不需要考虑它们的利益。如果人们与那些在自己领地内的野生动物建立了有意义的关系，并且如果它们的利益与人们的利益能够合理地调和，那么它们也应该是共同体成员。野生动物和离群的动物们占据了某些空间，它们有时候被视作应该被消灭的害虫，有时候又被视作应该受到关怀的共同体成员，因此它们的身份是不确定的，但我们也许可以期望通过公众的努力、人类对这些动物同情心，这些动物的身份最终会得到确认。

社会契约理论并非如努斯帕姆所暗示的那么缺乏创建。相对于能力方法，社会契约理论有着明显的优势。当然，社会契约理论无法涵盖人类与动物或者更一般意义上与自然道德关系的所有维度和复杂性，但它可以帮助人们界定对于处在人与动物混合共同体中的其他成员，人们需要对其中的哪些承担义务。社会契约的方法在确定人们在与动物之间的社会关系特别是政治关系中的政治义务，以及认可它们作为正义主体的相应能力方面奠定了基础。

第四节　功利主义

杰里米·边沁（Jeremy Bentham，1748—1832 年）的功利主义思想在西方伦理发展史上占有重要的地位，特别对英国的主流社会思想影响十分巨大。功利主义不同于资产阶级原始的利己主义，而是追求个人与公共利益的平衡。边沁是第一位宣扬动物权利的学者，他出色地批判了"自然权利"，为社会福利制度的发展做出了巨大贡献。

一、边沁功利主义生态伦理观的内容

边沁对当时流行于欧洲的自然权利进行了批判，且做出了许多理论论证，此后被广泛认为是动物权利的倡导者。边沁通过功利主义的论证，试图说明动物苦乐和人类苦乐在本质上并无差异。边沁的功利主义站在了当时人类道德观的前沿。在 19 世纪的欧洲，大众普遍将奴隶、犯人、有色人种、女人视为低等人的时候，边沁已经具有了道德伦理的前瞻性。他以生物都具有趋乐避苦能力的视角，来为有色人种和人类之外的动物权利进行辩护，结合其功利主义原则可推导出，快乐即是善，痛苦是恶，而制造痛苦便不符合道德。所以人类施加于动物身上的暴行，使动物产生了肉体和精神痛苦，从行为上可被判定为恶的，是应该被禁止的。

边沁根据功利主义原理将伦理学定义为一门指导人们行为的

学科，并使其为利益相关者带来最大的幸福。那么，一个有能力予以指导的行为是什么呢？边沁认为其必定是这个个体自己的行为，或者是其他行为主体的行为。边沁还就其是指导一个人自己行为的艺术而言，将伦理学称之为自我管理的艺术或是个体伦理学。那么，可能在人的指导之影响下，获得幸福的行为主体又涵盖哪些方面呢？边沁将获得幸福的行为主体概括为如下两类："一是称之为人的其他的人，二是其他的动物——由于不敏感的老式法学家忽略了它们的利益，它们被降格为物类了。"边沁明确了以人类为主体的利益相关者，这些利益相关者在伦理学的意义上，是人们行为目的的一部分，即使其获得最大的幸福。边沁也直接确定了除了人以外的其他动物的地位，它们在人的伦理中并非低于人，而是应该获得幸福的主体、人类的利益相关者，只是它们的地位和利益在老式法学家的立法中被降格了。

从对动物地位的肯定可以看出，边沁确认动物是人类的利益相关者，也即构成利益共同体的一部分，肯定了除人类之外动物的存在价值。边沁在其功利主义伦理原则中一直强调，个体生活在共同体内，而个体利益作为基础要素叠加构成了共同体利益，没有个体利益的保证以及在数量上的积累，共同体的利益也就无法保障。所以，保证个体行为的趋乐避苦的权利，是保证共同体的利益的先决条件，也是唯一要素。因此，动物也具有享有幸福的权利，而人类作为行为主体，无论从自身利益还是整体利益出发，都有责任和义务保障除人类之外所有动物的权利。

此外，边沁针对康德提出的"自然权利、天赋人权"的观点持批判态度，认为天赋人权只是一种理性主体的认定，而非权利的滥用，因为"理性的存在物是作为目的本身而存在的，并不仅仅作为手段给某个意志任意使用"。康德的天赋人权理论强调，先天的内在价值使人类自然享有平等的道德权利；而边沁则强调除人类以外其他动物与生俱来的苦乐觉，他在其著作中明确表达了对于其他生物内在价值的肯定，也就是它们的苦乐觉。他强调自然界所有生物的权利应该是按照其与生俱来的苦乐觉决定的。

按照边沁功利主义原则的推导，人类和其他生物首先是自然共同体的产物，具有自然属性；自然共同体其次又是人类和其他生物存在、发展的物质前提。它们是共同在这个环境中并且和这个环境一起发展起来的。无论是人类还是其他生物，自从诞生起便成为了自然界的一部分，不论今后如何进化，始终是自然共同体中的一个构成部分，不但要受自然规律的支配，还对自然生态环境具有相应的保护责任，从而保障人类社会及整个自然生态圈的永续发展。

二、功利主义生态伦理思想的特点

边沁在确立生态伦理理论的过程中，运用功利原则对旧有范式进行了较为深刻和彻底的批判，表明了自己鲜明的功利主义立场。他运用了计算的实证方式，确定了不同个体的苦乐值，用来为功利理论搭建基础，从而使得边沁的生态伦理思想呈现出自己的特色。

1. 理论核心

边沁作为一位政治家，他的理论都是为了构建一个利益共同体。受 19 世纪英国特有的时代背景影响，他需要从以往旧政治制度及宗教伦理入手，将其功利学说贯穿于其批判理论中，并着力于政治和法律制度的变革。为了建立新的共同体制度，他首先开展宗教伦理和道德领域的变革，对以往伦理思想基础批判。他鲜明地指出了伦理思想变革的重要性，甚至认为反对伦理思想革新就是危害每个个体的利益。边沁把功利原理作为道德价值判断的基础，并用以衡量一切伦理行为。边沁的功利原理是构建这个利益共同体的一种价值标准。

2. 功利原则

边沁的功利原则认为，评价任何一种个体行为的善或者恶，是由此行为的目的和后果对于增减个体幸福的趋向决定的。当个体行为结果增大了利益共同体的幸福趋势时，此个体行为就被判定为是符合功利原则。边沁的生态伦理思想并没对功利做过多描述，而是把其作为伦理思想的理论前提。这奠定了边沁生态伦理思想中功利的基础地位，功利原则贯穿边沁的生态伦理思想始终。边沁运用功利原理对近代以前的欧洲旧伦理思想进行了较为深刻的批判，确立了生态理论的功利基础。边沁在阐述其理想中的利益共同体时，核心利益始终围绕个体趋乐避苦的基本权利展开。

3. 实证计算的论证法

边沁在其生态伦理思想中明确了人和其他生物的共同本性——苦乐感知能力，而且它们的行为均被其制约。边沁所处的时代是一个对人类前景充满乐观的科学时代，于是边沁也在自己的理论研究中运用了自然科学的实证分析法。因此，他在著作中曾提到，只有通过数学那般严格而且无法比拟的更为复杂和广泛的探究，才会发现那构成政治和道德哲学之基础的真理。前文介绍了边沁将快乐和痛苦的行为进行了详细的归类。归类过程中的分析环节即是一个精确计算苦乐值的运算。这种精确的计算几乎贯穿了其著作的每个章节。边沁之所以将快乐和痛苦的感觉通过实证计算，是为了在实际运用时对不同个体的苦乐觉进行较为精确把握。边沁在他的理论学说中采用实证分析计算法理解苦乐感知能力，较之以往是不同的。

三、与现时代生态伦理思想比较

边沁对生态伦理领域进行了本质上的探究，解析了个体与社会群体行为背后的根源，运用理论推导的教育手段促使个体了解、认同正确的生态伦理与利益观的树立，并对现存的自然环境保护和调节力度的加强具有实践性作用。频频出现的环境危机使现代社会的每个人被迫正视自己对待自然的态度和行为，认真反思社会及个体与整个自然界的相处方式。

1. 动物福利论

站在非人类中心主义的视角上，当代的动物福利学派赋予动物以价值主体地位和享有自然权利的权益，开拓了伦理学的视角，将原本人类仅对自身的道德尊重和权利延伸至动物界，为当代的动物保护事业的发展给予了理论与精神支持。

动物福利论认同动物权利的理论来源于功利主义的思想，承袭功利主义关于功利的论述，将个体功利的范围扩大到了人类以外的动物。人和动物都具有感受快乐和痛苦的能力，因此在本质上都具有属于不同个体和群体的利益。但是当人与动物的快乐和痛苦相互矛盾时，会有什么结果呢？动物福利论者们遇到了尴尬，他们以利益冲突的激烈程度以及利益矛盾方的心智水平作为衡量标准，但却无法从根本上解决问题。因为虽然动物福利论者们从动物与人类的生命这个概念本身入手，论述两者间有无差异性，但仍旧把人类和非人类动物作为两个不同的共同体做对比，没有从生态的全局性出发考虑。根据边沁的功利主义原则，在同一共同体内，绝大多数个体的最大幸福是最高原则。

那么人类和动物无论作为不同的个体还是群体，因为不具备统一的利益衡量标准，所以不可能具有共同的利益。但是动物福利论者依旧将人作为道德的制定者和评判者，具有生命等级观念。高等智能动物人类保证低于其智能的其他动物的利益，事实上却成了保证人类自身的利益不被侵犯。主张动物福利，关怀除人类外其他动物的苦乐，是树立人类对待其他个体痛苦的人道主义态度和人类满足自己利益而衍生出的道德手段。

2. 生物中心论

20世纪人道精神划时代伟人阿尔伯特·史怀泽（Albert Schweitzer）是生物中心论的创立者及精神领袖，提出了"敬畏生命"的伦理学思想。生命在其哲学思想中是广义的，包括自然界的一切生物，不再仅仅是人或动物。与敬畏生命的生物中心论比较，动物福利论只承认包括人在内的动物的价值主体性，属人道主义的道德，而将道德关怀扩大到整个自然界，不仅包括动物、植物，甚至包括微生物。美国环境伦理学家保罗·沃伦·泰勒（Paul Warren Taylor）沿承了敬畏生命这一伦理思想，在生物中心论的世界观的基础上提出尊重自然的理念，并作为其伦理学思想的基础。他认为动物之所以应当受到人类的尊重，是因为自然界是一个相互依赖的系统，其中生命体的善，是由生物自身的生长繁殖的天赋来定义的。包括人类在内的每个生物都是具有天赋赋予善的价值的生命体。人并非先天就比其他生物具有优越性，人类与其他物种一样，是自然的一部分。保罗·泰勒将自然界的一切生物视为生命的中心，认为尊重自然就是关怀来源于生命成长繁衍的善。

生物中心主义从人类的理性出发，以保证人类长远利益的方式对待自然界的其他生物群落。在尊重生命个体趋乐避苦的天性的基础上，人类运用理性，顺应最大多数个体的最大幸福原则，关怀和保护自然。生物中心论的思想内核是敬畏自然与尊重自然，而自然中心论者将人类从伦理道德的制定及评价的位置上请下，认为生物具有的固有价值是与生俱来的，并不因人类后天理性的支配而改变。他们认为自然界所有生命个体都具有生长发育和繁殖延续的"善"，并视为平等的生命目的的中心。

3. 生态整体论

生态整体论的伦理视角更加广阔，将道德关怀伸延到整个生态系统，并将生态系统看作一个整体而赋予价值。生态整体的概念包括整个生态系统内所有的物质，从生命体到非生命存在物，以及其自然繁衍或变化过程。

（1）大地伦理学

美国生态伦理学家奥尔多·利奥波德（Aldo Leopold）在其著作《沙乡年鉴》中提出大地伦理的学说。大地伦理学把生物共同体的完整、稳定和美好视为最高的善。利奥波德还认为，土地伦理是要把人类在共同体中的需求无度的开拓者转化为共同体中的平等的公民。这不但代表对共同体中每个成员权利的平等认可，也代表对这个整体价值地位的认可。利奥波德认为伦理演变的下一步任务，就是扩展包含生物共同体的非人类成员在内的道德范围，非人类成员包括动物和植物，不容忽视的还有土地和水；大地都是由这些成员组成的整体；人类不再以征服者的角色出现，而是成为生物共同体中平等的一员。利奥波德的大地伦理与边沁的生态伦理思想中的功利和最大幸福原则不谋而合，不但强调追求幸福是最大的善，而且还否定了人类的"天赋人权"，强调每一个与人类"利益相关者"的个体权利，提倡整体性的和谐和平衡。当然，利奥波德除了强调生物的共同体价值外，还将非生物物质纳入利益共同体中，强调它们在共同体中的重要作用，相对于边沁的生态伦理思想，这无疑是一个巨大的飞跃。

（2）深层生态学

深层生态学是在 20 世纪中叶西方广泛兴起的环境运动的背景下，由挪威哲学家阿伦·奈斯（Arne Naess）创建的。深层生态学的提出是相对于浅层生态学而言的，后者局限于人本位的环境和资源利用保护，深层生态学则强调完整的生态圈概念，否定浅层生态学的人本位思想，并认为自然的多样性具有内在价值，并不因为人类才拥有价值。深层生态学以生态中心平等论为最高准则之一，认为人类只是生态系统的成员之一，与生态圈内的所有存在物一样拥有平等的生存及成长的权利。生态圈内每个个体的生存的成长都是源于自我成长的需要，但因其是生态圈中的一员，所以这个自我成长在整体的意义上是生态圈整体的自我的成长。人类在生态系统内部，无论对生态圈采取产生或善或恶结果的任何行为，这个善恶的结果都会循环至人类自身。所以爱护或破坏生态圈的利益，就是对人类自身的爱护或破坏。深层生态学派的思想与边沁生态伦理中肯定生物本身的价值和"利己是利他和利己的统一"的思想非常相似。他们不但承认生态圈是一个利益的共同体，而且强调主体利益实现就是将客体利益纳入自我利益范围，个体利益的保证是共同体利益保障的前提。整个生态圈以及人类社会的共同利益，只有在人类自觉维护生态系统的整体价值和促进生态系统自身演化过程中才能实现。深层生态学在一定基础上否定了人本位思想，这与边沁否定天赋人权的伦理思想相类似。但需要注意的是，边沁在其生态伦理思想中强调的除人类之外的生物的价值还是以"与人类利益相关"为中心，没有完全脱离生物的工具性价值与人本位思想的影响。

（3）价值整体论

被誉为环境伦理学之父的霍尔姆斯·罗尔斯顿继承了利奥波德的大地伦理思想，创立了以强调内在价值论为核心的环境伦理学。罗尔斯顿同样反对人类中心主义提出的价值观。他建立理论并赋予自然至少 40 多种价值，但自然价值在他眼中既不具有工具性价值，也不只具有内在价值，自然整体是一个完整的系统价值。生态系统的演化不仅创造了各式的生物和环境，更创造出了具有创造能力的人，因此生态系统作为一个整体具有系统价值。罗尔斯顿也不认为自然界必须存在一个主观的价值评论者，但强调价值本身的客观性。这使得他的价值整体论跳出了传统伦理价值评估者的角色，并使自然显现出本身的内在价值。生态整体论是一种整体主义的伦理观，强调人只是生态系统的一个组成部分，继承了边沁的功利生态伦理思想，肯定了利益共同体——生态系统的整体利益，包括其内部所有成员的利益，人类作为共同体的一员有义务保护这个系统的利益。从边沁生态伦理的基础功利主义原则——"最大幸福原则"中可寻找到这个思维逻辑。"最大幸福原则"建立在个体扩大自我认同范围的基础上，将利益共同体中包含的所有生物乃至生态系统本身作为一个整体。对生态系统整体利益的损害等同于对单个个体自身利益的伤害,因此对生态系统利益的维护就是对自身利益的保证。避免对客体的伤害,顺应个体趋乐避苦的本性,也是为了保障主体的利益,也是为了利益共同体整体性和持续性的保护。

4. 理论对比梳理

根据上面的分析和对比,可以看出,动物福利论、生物中心论和生态整体论思想本身都没有超越出边沁功利主义生态伦理观的核心——"个体利益"。无论生态伦理学家如何阐述出发点和落脚点,都无法回避生物与生俱来的趋乐避苦的生理本能。由趋乐避苦的生理本能衍生出的对自我幸福和快乐的本能追求,是决定人类和其他物种行为选择的根本。按照生物本能,任何物种的个体行为都是为了保障自己的生存利益,而不可能完全为了其他物种的生存利益而存在。但一些生态伦理中伦理教化容易让人们误解:人类保护生态环境就必须牺牲自己的利益;人类保护其他生物的利益的目的不是为了自身利益。

其实,在边沁的生态伦理思想中,利他行为的出发点都在于更好地保证自身利益。无论主体还是客体,因其都是利益共同体的一个组成部分,所以主体利益是其利他行为的出发点。但最终的结果是共利,也就是利己与利他的统一。对其他客体利益的保证,或许有些情况下会产生主体利益受损的错觉,但实际却不是如此:首先,行为主体会从帮助其他客体的行为中获得精神的快乐和幸福感,这本来就属于边沁功利主义重要价值的一部分,是所有功利行为的目的;其次,在生态利益共同体内,个体的环境物质利益是相互的;再次,长期来看,利他行为也可获得由良好环境给予的物质快乐。

边沁认为，无论精神还是物质，其利益的结果是不谋而合的，即都会使行为主体获得快乐。依照"最大多数人的最大幸福"原则，边沁生态伦理思想鼓励利他行为，因为利他行为是利己与利他的统一。培养自发的生态自然环境保护意识，实现人与自然的和谐共处，需要清晰地认识自身利益是什么，以及如何正确地实现自身利益。

第三章 中国社会动物伦理观

第一节 佛教生命平等论

"诸恶莫作，众善奉行，自净其意，是诸佛教。"佛教从根本的准则和规范强调除恶从善，平等慈悲，并从"善有善报，恶有恶报"这样的信念基础上建立道德最基本的行为准则和规范。佛教主张慈悲应当泽及一切众生，爱心不仅体现在施舍物质等方面，更体现在以佛法教导于人，把功德分享于人，进而达到人与自身、人与人之间乃至人与其他一切众生的和谐共生。

由于佛教认为世间一切事物都是由因缘和合而来的，并且它们的存在和发展都必须依赖于一定的条件，所以据此推论，一切事物都有"因""缘"并依赖于其他事物而存在，同时反作用于其他事物。相较于唯物辩证法关于物质存在的论说，佛教认为任何一个因都是由其他因产生的，任何一个缘都是由其他缘生起的，因缘交织连环无始无终，无穷无尽；万物的产生，没有绝对的因。佛教否认造物主的存在，这也是其与其他宗教相区别的重要特征。

佛教认为，世间所有存在必然是平等的，所以没有主宰一切的绝对主体。人与其他所有存在一样，在世界上没有任何特殊地位，在存在与发展上均由因缘和合而生、长、灭，所以人的生老病死也都发生于一定的因的作用下。外界的客观自然环境会影响人的生存状态和生活质量，反之，人的行为也会影响环境的改变。平等的关系普遍存在于人与人、人与世间一切事物、世间万物自身之间。

一、"护生"的利他精神

不杀生、放生、布施和报恩是佛教生命伦理精神的主要体现。释迦牟尼在创立佛教后，对于佛弟子或信徒，不论在家或出家，都强调不应伤害其他生命，对一切生命都应善加爱护。佛教五戒中，第一戒就是不杀生。佛教十善业中，以不杀生为第一；十恶业中以杀生为首。

不杀生的主要内容涵盖了不杀动物以及不乱破坏植物等。杀生包含着对一切众生生命安全的伤害，而不仅是对人生命的伤害。佛教徒认为一个人首先应当认同并理解不伤害的原则范围和对象，然后在实际行动上做到"不杀生"，即不伤害生命，并尊重所有的生命。

不杀生的伦理规范，体现了佛教尊重生命、保护生命。它要求人善待一切与生命有关的事物，并尊重所有生命个体的存在和价值。根据这种精神要求，人类与其他生命物种之间没有高低贵贱的等级之分。这在某种意义上来说，改变了人类中心主义对待其他生命物种所采取的漠视与虐待的态度。

尊重生命不仅仅是主体自身不以任何形式危害任何生命以及

尊重它们生存的权利，更应该对它们的生存采取主动保护的态度。人不但不可以伤害其他生命，而且应该竭尽自己所能保护其他生命免遭损害，并且应当主动、积极地解救一切处于危难之中的生命，使它们得以安所。佛教提出这其中重要的一种途径就是放生。放生是佛教一项历史悠久的传统。佛教认为放生行为能够积累很大的功德福祉，甚至是一种最快的积累方式。如果说不杀生是对生命的消极保护，那么放生就是对生物生命的积极保护。所以，放生可以视为戒杀生的衍生条律。

布施要求人们以自己的财力、体力和智力去救助需要帮助的困难群体，这是大乘佛教主张的最重要的修行方法。大乘佛教认为布施应以"净心"为出发点，也就是不受任何利益驱动的布施，否则就不是真正的布施。佛教认为布施能带来无上的功德，所以非常崇尚布施。"财施""法施"和"无畏施"是布施的三种具体途径。

报恩强调的是要报四恩：父母恩，国土恩，佛、法、僧三宝恩，众生恩。父母有生身养育之恩，国土有使人依附生存之恩，而佛、法、僧三宝有救度众生脱离苦海不可思议之恩。可以说，世间万物对人都有恩，人要学会感恩、怜悯和爱，要赡养父母，供养佛、法、僧三宝，广泛施舍、普度众生。

二、平等的非中心主义

众生平等是佛教生命伦理中的主要理念和道德规范。众生平等强调宇宙间一切生命平等，关爱生命，珍惜生命，尊重生命，它体现了生命观、自然观与理想价值观的统一，从而破除了人类中心主义的幻妄。众生平等的切实意义不仅在于讨论人与人之间的平等关系，而且其涵盖范围扩展到个体与任何其他生命之间也是相互平等的。因此，人们要从内心平等友好地对待与人们共存的其他一切生命体和事物，并与它们和谐相处。佛教秉承众生平等的观念。佛教强调，一切动植物的生命与人的生命同样宝贵，人们不能自恃自身高贵而去伤害它们。

宇宙间的万事万物可能在表现手法上千奇百怪，但所有事物存在的本质与意义都是相同的，也就是众生都是佛性的承载体。因此，众生平等的根本原因就是众生在理智和天性层面的平等性。依照禅宗的说法，"心佛众生，三无差别"的平等，是不局限于个体自身之间的平等。

三、践行平等护生观

在生命伦理学的讨论中，人们总是把动物伦理议题归纳到环境伦理的范畴，而将生命伦理中的生命设定为人类生命，并将生命伦理道德原则如不伤害原则、仁爱原则、自主原则（知情同意原则）、公正原则都设限在人类之中，排除了人类以外的动物的适用性。然而，依照佛教观点，这些道德原则理所当然也应该适用于人类以外的动物。

关于保护动物，佛教有着其自身的伦理基础。佛教首先以"感知能力"作为道德关怀的判断标准。这种感知能力是将心比心地将佛法中的"护生"观念易地而处，因此佛教又名自通之法。自通之法就是将心比心地用自己的心情衡量和感受其他众生的心情，从而尊重其他众生趋生畏死、趋乐避苦的自然本性。

同情共感的关怀面不应只局限于人类，而应将关怀范围扩大到所有众生，也就是将道德关怀的范围扩及动物。这意味着只能尽量平等权衡每一生命的效益，不能为了追求利益最大化去伤害任何无辜的第三者。

其次，关于道德本原的问题，缘起论认为，任何一个有情生命都不可能独立存活于世上，也不可能在没有相关因缘条件的支持下，获取能令自我满足的愉悦和适宜，它们都是与无数因缘关系网络性连接的存在体。所以，无论是为了感念因缘，还是为了自我满足，人们都应该顾念其他众生，而并非自私地只顾及满足自己的需要。因此，每个因缘法本身都存在于与其他因缘法相互依存的复杂网络之中。以此为前提的因缘相互扶持而成就的生命体与其他生命体之间不是"绝缘体"，而是存在着细微的贯通连接的通道。

再次，以"中道哲学"为实践纲领，佛法由理论的"缘起中道"可以导引出实践的"八正道中道"。这是一整套生命自处与相待的功夫论，也是遂行个人理念或推动公共政策的实践纲领。中道，以"八正道"的内容为对照，首先行为主体必须因培养起仁慈与智慧的涵养，然后再具有公正无私的平衡态度；其次，对主体行为所施与的对象以及行为所处置的事宜，还必须尽可能有充分的情境来衡量，并且把握关键点从而保证做出相对好的选择。以"缘起中道"原理为动物创造出"相对最好"的条件，以争取它们免受伤害，是一种必要的手段。

因此，佛教中的动物伦理思想认为，动物保护是因"缘起，护生，中道"的原理而成立的，依照这些原理，人们就能够坚定而无所动摇地将动物纳入生命伦理的道德关怀之中，并将生命伦理中已经获得共识的道德原则——自主原则、不伤害原则、仁爱原则、公正原则延用在动物身上。

第二节 儒家动物伦理思想

　　"人禽之辨"是儒家所强调的基本义理，亦即人类所特有的仁悯、不忍人之心，正是人之所以为人的价值，也是人类一切道德根源所在。因为人具有道德的自觉力，故以人为尊，人类的道德地位也远高于动物之上。但儒家并不认为动物只是人类的工具，人类也不能任由自己的意愿对待动物。儒家重视仁心的作用，不仅限于人，而更普及至动物，且更扩充于天地万物之中。所以，动物是仁人君子关怀的对象之一。

一、儒家动物伦理思想的基本内容

（一）天地之大德曰生

　　儒家把人类的伦理纲常不仅仅看作社会的原则和规范，而且还把它们看作自然界本身就有的性质。因而，儒家把人类道德施加于天地万物之上，并要求人们利用人类的道德来对待自然界的一切事物。儒家把自然看作一个生生不息的创造万物和人的运动的过程。《周易·系辞》中有"生生之谓易""天地之大德曰生"。儒家认为，圣人所追求的基本价值也应是珍惜生命，尽力促进万物的生长。

　　从儒学出发，孟子推导出"天人同诚"的生态伦理思想。《孟子·离娄上》中有"诚者天之道也思诚者人之道也。至诚而不动者未之有也不诚未有能动者也"。"诚"即真诚无妄，是一种道德规范。孟子对天讲诚的伦理道德实际上正是其生态伦理思想的自我流露。"诚"这一道德规范，把"天之道"与"人之道"连在一起，显然是继承了儒家天人合一的传统。这种观点被西汉大儒董仲舒充分吸收并发扬光大，成为其"行有伦理副天地"的天地伦理观的理论基础。宋明理学继承和发扬了《周易》关于天道生生不息和天地有生生之德的思想。周敦颐在《太极图说》中称"无极而太极，太极动而生阳，动极而静，静而生阴，静极复动"。很明显，他认为天下万物都是五行之气生成，整个宇宙生生不息，促进不已。宋明理学以仁来解释天地的生生之德。张载认为，天地之德就是生物之"心"。天地的生生之德存在于每一个事物之中，人心应体验天地的生物之心，人心可以体验到任何事物中的仁。他把人与万物同源于一气，它们之间又构成息息相通的有机联系。他主张把人与自然的道德关系，推向了一个至高的境界，体现了一个深邃的思想人，不仅是社会的成员，同时也是自然界的成员。

儒家关于天地有生生之德的思想，鲜明地体现了东方有机论的特征。万物虽然按照自己的特有方式自发地运动，但同出于一个本原，并且是一个整体的系统。

（二）人禽之辨

儒家的人禽之辨主要是说明人与动物的区别，即人有道德性而动物没有。由此可见儒家对人与动物进行了区分，但儒家为什么要进行这样的区分呢？孟子认为人与动物的区别只有"几希"和很微小的一点点。正因为如此，一般人才容易丢弃这些微小的区别，而只有"君子"才能保存。

如何理解"几希"的区别？首先，人与动物不是在所有方面都有区别，恰恰相反，二者有许多共同性。人与动物有生命的联系或延续性，绝不可将人类看作与自然界的动物毫无关系的另一类高贵而特殊的"精灵"。

其次，人与动物的"几希"区别是重要的，或者说是本质性的。正是这一点区别，使人成为与动物不同的"类"，但这是"类"中之"类"，即小类而不是大类。人所属的"类"对于大类而言是特殊性的，对于同类而言则有共同性，对于其他类而言则表现出相异性。

再次，人与动物的区别是先天的或先验的，但关键在于后天的"存"与"放"，并由此而分出"君子"与"庶民"。"君子"与"庶民"的区别是从人格修养上说的，并不含有对"庶民"的先天性的歧视，但却隐含着对"君子"的责任和义务的期待。

（三）禁"从兽无厌"扬"恩及禽兽"

儒家具有浓厚的人文色彩，一向主张以"仁者爱人""水善利万物而不争"的宽容气度来对待他人，并能够将这种人文关怀推及其他生命甚至无生命的自然万物，做到"恩足以及禽兽"。孟子反对"辟草莱、任土地"和"从兽无厌"这两种行为。他主张"善战者服上刑，连诸侯者次之，辟草莱、任土地者次之"。（《孟子·离娄上》）"草莱"本来指杂草之类，现指荒芜未开垦的土地；"任土地"泛指对土地的开发和利用。

儒家将道德心理投射到自然领域以及人与自然关系的领域中，将动物的行为道德化，以激发人类的道德良知。荀子认为，动物对自己的族群都具有一种天生的情感。当自己的同伴受到伤害时，它们会流露出一种同情心，而面对同伴的死亡时，它们会发出撕人心肺的哀鸣。张载提出"天地之塞，吾其体；天地之帅，吾其性。民吾同胞，物吾与也"（《西铭》）。也就是说，天地万物具有共同性，人类应该像对待自己的同胞、好友那样对待万物。明代王阳明仔细地描述了"大人"的道德关怀心理："大人之能以天地万物为一体也……是故见孺子之入井，而必有怵惕恻隐之心焉……鸟兽之哀鸣觳觫，而必有不忍之心。"（《王阳明全集》）"不忍之心""恻隐之心"即同情心，是"仁"的萌芽，只要扩充固有的同情心，便可达到"仁"。孟子称齐宣王不忍杀牛的心为不忍之心，其心具有善端，只要将这一善端"扩而充之"，则可以保四海。如果不扩充，便失去了善端，迷失了本心，丧失了做人的根本。所以，"不推恩无以保妻子"。只要扩充这种不忍之心，就可以"恩足以及禽兽"，这也就是儒家所倡导的。董仲舒则直接把爱护鸟兽昆虫等当作仁的基本内容。他说："质于爱民，以下至于鸟兽昆虫莫不爱，不爱，奚足谓仁。"（《春秋繁露·仁义法》）意思是真挚地爱护人民，以致对于鸟兽昆虫没有不去爱护的，不爱护，怎么能说是仁呢？董仲舒认为仁爱之心，推广得越远越是伟大。他认为对动物的爱护，不仅立足于儒家的仁爱思想和同情心，还立足于农业社会的现实，他看到了天地自然界是人类生存和发展的基础，爱护万物正是从根本上维系人类自身的利益。

　　儒家看来，人为天下之最贵，所以动物对人而言具有满足人生存和发展需要的工具性价值。儒家认为动物的肉可以食用，皮可以供人衣。孟子认为"鱼我所欲也，熊掌亦我所欲也"。荀子认为，人虽然"力部若牛，走不若马"，但人可以"以牛马为用"，由这一立场出发，儒家既要对动物进行道德关怀，也让动物为人所用。

（四）仁民爱物

　　仁的本质是爱，这是儒家关于仁的根本思想。仁本来是人的最高德性，既是天赋的，又是内在的。天人之间本来就有内在联系，而不是二元式的外在关系。但是，当仁实现的时候，就与外物包括人与物发生了关系，变成一种伦理，这就是"德性伦理"。孔子说，仁者"爱人"。孔子首先着眼于人与人的关系，但同时，也有"爱物"的思想。孟子的发展就在于明确地提出了"爱物"之说。

　　孟子认为，仁是人的普遍德性。"仁也者，人也。合而一言之，道也。"用仁来解释人，说明仁是人的本质规定，也就是人异于动物的本质所在。仁与人合起来便是道，说明人除了仁，还有其他规定，其中便包括动物性。这个道就是天人合一之道，也是《中庸》所谓"率性之谓道"之道，其实现便是普遍的爱。其中包括人与自然界的万物，都在所爱的范围之内。但这种爱又是有差别的，爱父母甚于爱其他人，爱人又甚于爱物。虽有差别，却又是同一个仁的不同应用。孟子提出"亲亲""仁民""爱物"的差别，就是根据仁的对象的不同而表现出来的具体差别；但仁是爱的本质并无不同。在孟子看来，这种区别是一个"自然原则"，并没有什么难以理解之处。这种区别，出于人类情感的自然发展。仁是恻隐之心、不忍之心的"扩充"。恻隐之心是对生命的同情、爱护和尊重，是出于生命"感同身受"的内在情感。人没有不爱自己生命的，正是出于对自身生命之爱及其养护，才能对其他生命有恻隐之心、不忍之心。因为，在生命的意义上，人不仅与他人是相同的，而且与一切动物也是相通的。因此，便有对生命恻隐之心这种情感。所以孟子说"仁者，无不爱也"。

值得重视的是，孟子突破了人类界限，将仁扩展到自然界的动物，提出"仁民而爱物"之说，确立了人与自然之间的生态伦理，这是我国古代学者对人类如何生存发展的问题作的最有远见的回答，也是对人类文化的杰出贡献。

（五）见其生不忍见其死

孔子把人的道德态度当成人的内心感情的自然流露，甚至认为动物也存在与人相似的道德情感，并且可以引发人类的良知。《论语·泰伯》记载："曾子有疾，孟敬之问之。曾子言曰'鸟之将死，其鸣也哀，人之将死，其言也善'。"《史记·孔子世家》中"讳伤其类"的记载也表明，有灵性的动物尚且对同类的不幸遭遇具有同情之心，人类则更应该自觉地禁止这种伤害动物的行为，主动地同情和保护生物。这样，"哀"和"讳"就成为孔子生态道德的心理基础。

孟子认为，人固有一种爱护生命的恻隐之心。动物临死前的颤抖和哀鸣，足以震撼人的心灵，引起人对于动物生命的同情，所谓"君子之于禽兽也，见其生，不忍见其死；闻其声，不忍食其肉"（《孟子·梁惠王上》）表明了人对动物内心深处的一种歉疚和不安。孟子从齐宣王"以羊易牛"的故事引申出仁政学说。孟子认为动物是有情感的"觳觫"（即恐惧），是动物的情感表现，这是同人类的情感相通的，看见动物被杀时的恐惧之情，人就会产生不忍之心。正是这种不忍之心促使人类去爱护动物、保护动物，且只有人类才能做到，因为只有人类才有这种不忍之心。这正是人类的伟大之处，也是人类的责任和义务之所在。人是有情感的，是情感动物而不只是理性动物；动物也是有生命有情感的，动物的生命情感与人的情感是相通的。人类的仁心不仅指对人民要有爱心，而且指对动物也要有爱护之心。

儒家动物伦理思想中把动物看作与人类一样，具有同情同类的道德心理的认识，给中国古代珍爱动物、保护动物的行为以深远的影响。儒家把人类对同类的怜悯与关怀之情转移到动物身上，强调了生命世界里人与动物在生命关系和情感关系中的一体性。虽然"因物而感，感而遂通"的体验，在人类的"移情"作用对生物情感心理的把握上有夸大之处，但对有血气的、有感知能力的动物间的相互同情的体察却是合乎情理的，是把它与人类的人性关怀联系起来，从而使人类产生一种尊重和保护生物的强烈的情感动力。

二、儒家动物伦理思想的基本特征

（一）爱的差等性

儒家所提倡的仁爱，并不是平等之爱，而是有所差别的。儒家爱的等差性的提出，首先适用的并不是动植物界，而是人类自身社会，人类对于自己的同类有着差等之爱，那便是先有父母，因为父母是最亲近的，这是一个不争的事实，也可说是人的自然性。然后再由父母扩展到兄弟，之后再扩展至邻里和朋友，这是一个由中心发散的递减的过程。因此，再看儒家对于动植物的差等之爱就不足为奇了，也是一个由中心向外发散的递减的过程。在儒家看来，动物与人相似，有血肉之躯并能表达自己的情感。那么动物就可以被放在离人类最近的那个位置，也因为动物的这些特点，人类已经不得不去关注动物的感受。由此，面临牺牲时，人类也必然是依照这个由中心向外递减的序列来解决。这些都是由仁爱的对象与人类自身的生命关系的远近和亲疏的程度而产生的。因此，在"厚薄"之别后面，加上了相应的"先后"之分。这些观点无疑是以整体的生命等级为基础的。

虽然仁爱的发动是由"事亲"开始，然后扩展到他人及他物，但是无所不爱才是儒家仁爱的根本意义所在，这也是人与动物区别的意义所在。所以人类对于动物、植物的爱有亲疏远近的不同。简言之，人的情感确实有深浅的不同，但是这种不同是不可像数学公式一样进行量化的。

（二）时序性

儒家多次阐述时序性的观点。"时"的含义是指一切动植物依据季节变化而发育成长的生态规律，以及人们必须依着万物生长变化的生态规律而根据一定时序进行农业生产、砍伐取用和捕获渔猎，适度获取生活资料。孟子把"时"的观念提到了核心的地位，要求人们"不违农时""勿夺其时""食之以时，用之以礼"，节制人类的物欲，限制人类的随意性和随时索取的劣习，到能取时才取，确实需要时再取，从而尊重自然万物生长的规律，将保护自然和有节制地利用自然结合起来，以促进万物的生长。可见，儒家"时"的观念是其爱物思想的直接体现，是其动物伦理观的基本内核。

儒家主张爱护自然，首先是要热爱和尊重大自然，具体做法就是取物以时，采用"时序"的思想观念。孟子的"时"作为名词来说，指一切动植物依据季节变化而发育成长的生态规律；作为动词而言，指人们依照一定的时序，根据万物生长变化的生态规律，进行农业生产、砍伐树木、捕鱼打猎，应时获取生活资料的规定。因此，儒家"时序"的内涵，就是要求人们依据时令规律来进行对自然或农作物资源的养护。如果遇到农民耕种收获的季节，统治者不征募百姓去服役，不去妨碍生产，那粮食就会吃不尽。否则青壮年都去参军了，家中老弱者就很可能无力耕种，耽误了农时就没有收成。不要违背农业生产规律，到能种时就播种，到能取时才取，到确实需要食物时再采用，从而达到尊重自然万物生长的规律，将保护自然和有节制地利用自然结合起来，以促进万物的生长和与人类的共同发展。如果一味取之无度、用之无节，最终会导致自然资源匮乏、枯竭，使人类无以为食、无以为生，而走向末路。因此，儒家"时序"的思想，是儒家生态经济观的一个基本出发点，并以维护人类自身生存、繁衍和发展为宗旨，因而也是对人与自然万物和谐共生、可持续发展的终极关怀。

（三）整体性

儒家思想把天、地、人看作一个无穷变化和发展着的整体，把人与自然看作一个相互联系、相互作用的统一体。这是一种具有整体性的哲学思维模式，是古人普遍的思维方式，甚至可以说，是不同民族思维方式的共同发端。儒家的整体性原则认为，人类不过是生态系统的一部分，人类并没有凌驾于自然界之上的为所欲为的特权。人类与自然界是一个密不可分的整体，人类的生存离不开一个稳定的生态环境，离不开自然生物的多样性。面对日益严重的生态危机，人类的利益与其他物种，乃至地球的利益，已休戚相关地相互交织在一起。人与自然和谐共处的整体思维观念，早在中国古代的哲学中，就已经得到了充分的体现。

中国先哲很早就用"天地人并立，万物一体"来肯定人与天地万物在本原上的整体统一性。这一整体沿着从简单到复杂、由低级到高级的过程发展，奠定了中国传统文化的根基。《周易》可以说是儒家最早提出人与自然统一的经典著作。《周易》把阴阳矛盾的对立统一看作自然界和人类社会发展的基础，阴阳交感而化生万物，气化凝结而生成万物，由此提出了"一阴一阳之谓道"，涵盖丰富的哲学命题，主张万事万物始于一阴一阳的合二为一，任何事物都是按照阴阳的规律运动发展的。《周易》把人与自然看作一个有机的整体，认为世界上一切事物都是相通的、一脉相承的。随后，以孔孟为代表的儒家历代思想家都沿袭了世界万事万物处于统一的大系统这个主题思想。他们都把天、地、人看作一个统一的整体，强调其中各个元素的变化发展都制约着另一元素的变化发展。从这种看待事物整体性的思维中，可以看出"天人合一"思想萌发了在对待人与自然关系中的整体意识，这种整体意识对今天开展环境保护影响深远。

"天人合一"思想从某种意义上来说是思想家为解决人与社会、人与自然之间关系的一种整体性思路，反映了人类早期对人与人、人与社会之间关系的朴素主张。

三、儒家动物伦理思想的实践表现

（一）在政策制度方面

儒家动物伦理思想对中国古代社会的人们处理人与动物关系和保护动物的实践既有间接影响也有直接影响。儒家动物伦理思想中蕴含的对于动物乃至万物的仁爱之心与和谐之感，已经成为中国古代人们的主要性格特征。因此，部分中国古代的统治阶级对于自然环境和动物资源的保护是相当重视的。许多朝代都积极设立专门负责保护环境、保护动物的机构。不仅如此，很多统治者还制定出一系列的保护环境及爱护动物的措施与政令。

世界上最早的环境保护管理机构设立是由舜设立的，名为虞，伯益就是第一个担任这一机构官职的人。中国历代统治者对于这样官职设置十分重视。这些机构的官职分工具体细致，岗位设置分明，官员能够各司其职。这些官职和具体分工在《周礼》一书中有详细的记载。当时的"雍氏"主要禁止人们用毒药去毒杀池塘中的鱼。人们在打猎时不能肆意妄为，也是有具体规定的。更为重要的是，在古代，即使是天子也不能随意进行捕猎，一般认为夏季是动物生长发育期，不能进行捕杀，所以只能在其他三个季节进行捕猎。

《宋史》中明确记载，宋高宗规定是禁止人民在春季捕猎鸟兽的。因为春季多是鸟兽怀孕产卵的季节。到了明代，由郎中员外郎来主事分掌动物。郎中员外郎不仅规定了渔猎季节性禁令，而且要求不能把毒药遍撒整个原野。《元史》卷一四载，世祖"救弛辽阳渔猎之禁，惟毋杀孕兽"。

（二）在法律法规方面

中国古代对于动物保护的认识是一个逐步深入的过程，可分为三个阶段：从对动物以及宇宙有模糊认识的蒙昧阶段，逐步发展到产生不成文的规定，再发展到颁布具体的禁令与法规并对违反者进行处罚。

中国早期的古代动物保护的法令可以追溯到夏、商、周三代，规定在夏春季节禁止打猎，以免影响动物的自然生长。而西周时期颁布了《伐崇令》，规定随意砍伐、填井、杀动物的人杀无赦。这也可以称作世界上最早的动物保护法规。

秦汉时最为典型的保护动物的法律是《秦律》之《田律》。这部法令规定在春季末及夏季时，人们不能捕杀尚未成年的鸟兽，不能在此时设置捕杀动物的陷阱和捕兽网，不能肆意毒杀鱼鳖。等到七月之时禁令解除，这些行为才可以进行。禁令还规定了住在禁止狩猎区域附近的人们，在动物未长成之前，不能带着狗进行狩猎。

此后的历朝历代都设置了相关的法律法令来保护动物资源。汉武帝曾经专门下诏，规定在春季时，不能设置兽网捕猎动物作为供品。隋唐时期为了对动物资源进行合理保护，有明文规定在三百里范围之内，二月、五月以及九月是不能进行狩猎的。宋朝的法律法令要求人们在动物怀孕时及禁猎期不能进行捕猎。元代的统治者本是以狩猎为主的、不善养殖的游牧民族。从《元史》的记载来看，元代的多位皇帝也曾下令要求人们保护野生动物。这些法令都是顺应动物生长的自然发展规律的，不仅仅是对动物的有效保护，更重要的是动物资源能够持续被人们利用。

（三）经济发展方面

儒家思想作为中国古代的正统思想，奉行重农抑商、重本轻末的封建小农经济政策。儒家的仁政治国理念，并没有完全忽视经济发展问题。儒家认为人与自然是一个不断发展和变化着的整体，因此，在生产和消费上要注意到人与自然和谐共处的问题，要认识到自然对人类活动的承载度。儒家主张人类所进行的生产生活活动要有益于自然环境，只有自然环境发展延续，自然界动物系统对人类的支持和供应才能持续，人类社会才能发展。以现代发展的观点看，儒家的这种认识是深刻而富有远见的，人类不能妄然发展，不能以穷尽自然资源为代价来谋求暂时的发展；不能盲目消费，超前的奢侈的消费只会造成浪费，给环境带来无法挽回的损失。

虽然儒家仁爱的思想是一脉相承的，但不同时期具体的经济政策略有不同。因为各个儒家先哲所处的时代背景不同，他们所遇到的具体经济问题也不尽相同。例如，在经济方面，孔子一直奉行的是节用和时序的观点，即要求人们取物以时并且节约使用。孟子则把生产和消费过程中的时序性提到了核心的位置。孟子强调，要遵从自然万物的生长规律，不能取之无度，用之无节。荀子提出了善治的观点，不仅强调了保护自然的重要性，更提出要设立专门的机构来保护自然环境。综上所述，儒家的经济主张主要表现为要求人们按照动物（生物）生长发育的节奏来进行活动，并节制自己的物质欲望，适当地进行索取，这样才能真正做到"节用而爱人"，也可以使万物各得其宜。

第三节　道家学说中的动物伦理观

"自然""无为"是老子哲学中最重要的观念，这种思想不仅体现在道家的政治哲学中，也体现在道家对待自然以及万物的态度中。道家的动物伦理思想不同于儒家"仁民爱物"的人类中心主义观，也不同于佛教"不杀生、不食荤"的清规戒律，道家强调"知常道、克欲、无为"，顺应自然与万物的本性。道家的核心伦理中蕴含着尊重自然、顺应自然的思想，反映在人与动物的关系中。

一、早期的自然观与价值观

早期的道家学说强调相对性，强调顺遂自然，并且表现为对自然的理想化。道家的自然观表现为："道生万物，物我为一。"老子认为"道"是万物统一的根基，世界万物是一个整体，整体展现为阴、阳二气，阴、阳二气的交流形成阴、阳、和三气，这三气再产生万物。

庄子将人为与自然做了对比，强调顺应自然，并且对人为持否定态度。早期的道家思想还强调了万物的内在价值，否认了"万物以人为目的"的思想。

"类无贵贱"表明了道家的"齐物观"。万物本质无差别，只是类别的不同而已。这否认了鱼鸟等动物是为人所用而生，认为万物都有自己存在的道理，而并不是因人而生。这与西方的天赋价值观相一致，泰勒和雷根都是天赋价值观的代表人。所谓天赋价值就是指一个存在物，只要把自己当作一个目的本身来加以维护，它就拥有天赋价值，而且这种价值是这个存在物从其存在的那天起就拥有的。动物显然是一种存在物，所以动物本身有其内在的价值，不能以人为尺度去衡量动物。

早期的道家思想主要是"道生万物，物我为一"的自然观以及"类无贵贱，万物平等"的价值观，并强调"万物非为人生"，承认万物的内在价值与天赋权利。

二、庄子学说中的动物感知观

西方动物解放、动物权利思想的基础是动物拥有道德身份，是否有道德身份的判断标准是有无感知痛苦或快乐的能力。持动物感知观、认为动物有道德身份的西方哲学家有很多，其中代表人物是西方动物保护伦理的思想先驱边沁与洛克。动物感知观不仅在西方存在，在中国早期的道家思想中就已经存在了。

庄子曾与惠子在濠上对话。庄子曰："鱼出游从容，是鱼之乐也。"惠子曰："子非鱼，安知鱼之乐？"庄子曰："子非我，安知我不知鱼之乐？"惠子曰："我非子，固不知之矣；子固非鱼也，子不知鱼之乐，全矣。"庄子曰："请循其本。子曰：'汝安知鱼之乐'云者，既已知吾知之而问我，吾知之濠上也。"庄子在这里表达了"物化"的思想，认为鱼与自我心意相通，自我能感知鱼的快乐。庄子非常喜欢拿动物做比喻。庄子梦蝶的故事十分经典，在故事中庄子化作蝴蝶，庄子认为，既是他化成了蝴蝶，亦是蝴蝶化作了他。"物化"的思想既表达了万物齐一的自然观，又通过人的感知承认了动物的感知，认为非人类动物存在感知的能力。庄子认为，鱼在水中从容地游是因为鱼感到快乐，实则就是承认了鱼能感知快乐。这与西方的动物感知观有异曲同工之妙。道家承认了动物具有感知快乐与痛苦的能力，认同人要关心动物的痛苦与快乐，人负有避免使动物承受不必要的痛苦的责任，这便要求人在与动物的关系中持平等态度，保有仁慈之心。

三、仁慈观

西方有较为激进的"残酷—仁慈"观，认为人类有仁慈地对待动物以及不残酷对待它们的直接义务。道家思想中的仁慈观与这种观点不谋而合。

道家强调仁慈，强调人不能一味索取，而应该维持自然与生态的本性，不去破坏自然的平衡，人应保护动物。道教的教义中有许多描述仁慈对待动物的思想。例如，不应"无故杀兔打蛇"，禁止"射飞逐走，发蛰惊栖，填穴覆巢，伤胎破卵"。"慈者，万物之根本。从欲积德累功，不独爱人，兼当爱物，物虽至微，亦即生命。人能慈心于物命之微，方便救护，则杀机自泯，仁心渐长矣，有不永享福寿者乎！""妇人怀妊，鸟兽含胎，已生未生，皆得生成。"可以看出，这种仁慈对待动物的思想也是以人为目的的，正如康德所强调的把"权利"和"道德身份"限制于"主体"与"目的"。但是道家思想中的仁慈观点，在整体上强调人对自然及万物的义务与责任。《道德经》中写道："故道大，天大，地大，人亦大。域中有四大，而人居其一焉。人法地，地法天，天法道，道法自然。"人与自然是一体的，人在自然中要遵循自然本有的规律，要符合"道"。这就否认了人定胜天的思想，人处于万物之中，只是自然的一部分，不能妄行，而应谦和与顺应自然。这种思想对于审度目前的环境危机，重新审视人们与自然及万物的关系有重要的意义。

四、新道家学说的温和生物平等主义

道家思想发展到魏晋时期，表现出豁达率性的风格，冯友兰称其为"新道家"。这种率性的风格在动物伦理思想中表现为一种温和的生物平等主义，将人视为宇宙万物的同等，不分高下，没有异类之别，但这不等同于绝对地否认人的主体性。《世说新语》

中有两则涉及名仕与小动物的故事，明显地体现出了"万物与我同一"的平等观。

"支公好鹤，住剡东峁山，有人遗其双鹤。少时，翅长，欲飞。支意惜之，乃铩其翮。鹤轩翥，不复能飞，乃反顾翅，垂头，视之如有懊丧意。林曰：'既有凌霄之姿，何肯为人作耳目近玩！'养令翮成，置使飞去。"这段话的大体意思是支遁喜欢鹤，朋友送了两只鹤给他，他怕鹤长大了飞走，于是剪短了它们的翅膀。但是小鹤因为不能飞而垂头丧气。支遁看出了小鹤的懊恼，于是等鹤的翅膀再增长到足够长的时候，就让它们自行飞走了。故事中首先表明了支遁肯定了仙鹤感知痛苦的能力，其次说明了支遁对仙鹤的同情，以仁慈的态度对待仙鹤，并没有因仙鹤是动物而剥夺其自由的权利。

还有一则故事："诸阮皆能饮酒，仲容至宗人间共集，不复用常杯斟酌，以大瓮盛酒，围坐相向大酌。时有群猪来饮，直接上去，便共饮之。"故事中阮氏一家对于猪靠近酒坛饮酒不以为意，这除了表达魏晋时期名士的豁达不羁之外，也表明了一种"同于万物"的思想，否认了人类中心主义的思想，强调了"齐物"的平等观以及"天人合一"的自然观。冯友兰认为早期的道家学说是以"私"为起点向外推及的，而后期的道家思想则达到了"忘我"，完全抛弃了"私"。这两则故事很好地说明了在新道家思想中名仕们"忘我去私"的品格，并且回归到庄子所强调的"夫天下也者，万物之所一也"，承认宇宙万物本为一体，表现了人与动物的平等关系。

第四章　建构中国新型动物伦理观

第一节　西方动物保护伦理的困境

　　动物保护伦理主要由动物解放论、动物权利论以及动物福利论等组成。研究动物解放论以及动物权利论具有极大的理论价值和社会意义，但时至今日，动物解放论及动物权利论所倡导的实践主张也有很多不为人们所接受的地方，可见其理论存在一定的缺陷。因此，探讨动物保护伦理中存在的理论困境与现实难题，寻求动物保护伦理与现实结合的最佳平衡点，则显得尤为重要。

一、西方动物保护伦理的困境分析

（一）关于动物保护伦理的争议

1. 对动物解放论的批判

　　汤姆·雷根首先对功利主义进行了批判，他认为不应将动物感受痛苦和快乐的能力作为拥有道德地位的依据。雷根以医生在给病人做手术时带给病人痛苦为例，来说明行为的道德与否和是否带来痛苦或快乐并无直接关系。同时，雷根对辛格提出的素食主义的理论依据进行了批判。辛格认为，人类仅是为了满足自我欲望而吃肉，但是这种行为却忽略了其他存在者的利益。而雷根认为，许多人，包括具有卓越思想的人，会费心尽力去准备喜欢的食物。雷根同时还批判，辛格并未能够为素食主义者的责任提供恰当的功利主义基础。单个人的素食主义无法改变动物在工厂中的悲惨遭遇，只有在足够多的其他人碰巧也成为素食主义者的时候，他们抵制肉类会让本来在养殖场被饲养的鸡兔除被杀的命运，成为素食主义者才有意义。但是反之，如果共同抵制并未给密集饲养的动物带来任何数量上的改变，那么也就意味着成为素食主义者不是应该做的事情。

2. 弱式动物权利论

玛丽·安·沃伦首先提出动物拥有权利的依据是其自身的利益，而非雷根提到的固有价值。非人类存在物拥有利益的前提是其感受痛苦和快乐的能力。沃伦认为，"它们感受痛苦的能力使它们具有要求人类不把痛苦加诸它们身上的权利。而体验愉快的能力则使它们具有不被剥夺大自然赋予它们的任何一种愉快和满足的权利"。在关于权利的范围方面，沃伦认为人类因具有特有的思想自由、言论自由、集会自由而使其权利的范围要比动物的大得多。沃伦认为人类因具有理性，所以可以以一种非暴力形式解决矛盾，而动物却不能。沃伦认为，动物因不具有理性，无法具有道德的自律能力，因此我们无法将人类范围内的权利、平等的要求完全适用于动物身上。在某些特殊的情况下，人类可以考虑自设的利益而牺牲动物的利益。比如，当人类在没有其他办法进行生存或者获取知识的情况下，可以适当考虑剥夺动物的某些权利。但有一点需要确定的是，如果人类仅为了满足自身的娱乐目的或者是其他琐碎目标，是不能够随意杀死动物的。

3. 反对动物权利论

汤姆·雷根认为权利的观念并不适用于动物，因此反对对动物的利用。他认为要想实现人类的长远发展，就需要对动物的权利进行全面的反对。他指出，医学实验中对动物的使用是必要而且难以避免的，我们应该正确对待这一点。他利用四点论据来证明权利的概念只适用于人且动物不具有权利。"第一，人对权利与义务的道德理解是神的礼物；第二，人的权利来源于人类道德共同体；第三，人的权利来源于直接的直觉认知；第四，人的权利是自然的进化发展。"雷根认为只有人类才属于道德共同体的成员，即使是道德病人，因其为人，也拥有道德权利，而动物则没有。此外，他认为动物的权利和义务之间并未具有必需的联系。动物具有利益并不代表其一定具有相关权利。权利的概念仅仅适用于人类世界。

4. 对动物权利论的反驳

美国学者弗雷（Frey）对雷根的固有价值学说进行了批判。弗雷指出，人类和动物个体所拥有的内在价值不同。残障和严重疾病会降低某些人的生命质量，使其生命的价值降低，而大部分的动物或是残障、患有严重疾病的高等动物，也同样不具有很高的内在价值。生命的价值可以通过其生命的质量来体现，而其质量又可以通过丰富性来体现。在现实生活中，很多人的生命质量远不及普通正常人。由此看出，并不是所有人的生命都具有可以被给予更大价值的能力，也并不是所有人的生命都具有相同的价值。同样道理，关于动物具有平等价值的主张也就不成立了。同时，弗雷并不认为人类个体中的每个成员都拥有完全平等的固有价值，"我不同意一个严重弱智的人，或一个完全老年性痴呆的老人，或出生时只有一半大脑的婴儿，其价值等同于正常成人的生命价值"。当然，弗雷并未否认那些残障者的生命会在某些情况下和正常成年人的生命一样具有同等的价值，或是在极端的情况下甚至有很大的价值。弗雷反对雷根的动物权利论观点，他甚至认为一个生命如果没有任何价值，是不值得活下去的。

（二）理论困境

1. 动物解放论的理论困境

（1）功利主义的缺陷

动物解放论的理论基础——功利主义本身就存在值得商榷的地方。将感受能力作为道德判断的最终标准存在一定的片面性。雷根认为功利主义将造成痛苦或快乐作为行为的判断标准有失偏颇，带来痛苦的行为并不一定就是损害个体利益的行为，比如医生利用手术对病人进行治病的行为。同时，正如德国伦理学家弗里德里希·包尔生（Friedrich Paulsen）指出的，最大的快乐和最小的痛苦并不能成为吸引人的最终目标。生命个体在其生存过程中，既会有痛苦的体验也会有快乐的体验，而真正可以使个体内心得到满足的，并不一定只是快乐的体验行为。人类应该追求的是一种符合其自身意志和理想的生活，即使在追求的过程中需要经历痛苦，但此过程仍然会使个体得到满足，因此也是值得拥有的。

（2）平等原则与功利原则的矛盾

功利原则是以整体的利益可以达到最大化来进行考量的，平等原则是要求每个人的利益都被平等地看待。因此，当以功利原则进行考虑时，人们会以实现总体利益的最大化为目的，可能会对个体的某些利益造成伤害。因此，在确保功利原则实现的同时，很有可能违背平等原则。根据辛格的利益平等原则，一切生命个体均具有受到平等尊重对待的权利，人类应该平等地尊重所有生命个体。但是不同个体在不同情况下涉及的利益大小有区别，根据功利主义原理，人类更倾向于寻求利益更大化的解决措施。同时，由人类自身制定的道德伦理体系，很难完全脱离人类中心主义色彩。建立在人类社会中的道德伦理规范，在约束人类道德的同时，也难免会以人类的利益为主，由此看来辛格所提倡的平等尊重对待动物的主张也很难实现。另外，动物解放论的研究对象更多关注的是动物个体，而很少从整个生态利益的角度来看待问题。在现实生活中，对于人类生活有害的生物个体，比如人们嗤之以鼻的苍蝇、蟑螂等生物，人类是否也应该以一种尊重保护的态度不去杀害它们呢？

（3）动物感受痛苦能力的差异性

在辛格的动物解放论中，对于人类要保护的动物主体的范围模棱两可。很明显，其理论中主要探讨的是具有感受痛苦能力的哺乳类动物，人类应该对其进行保护，但是对于动物解放论中提到的动物范围并没有进行较为清晰的划分。当今的科学研究也表明，有些低等的动物并不一定具有感受外界疼痛的能力，但在整个生态系统中，它们也具有存在的生态价值，因此很难判定其是否属于动物保护范畴。甚至关于是否要对害虫进行保护，辛格认为害虫这一范围是人为划分的，即使是对于害虫，人类也应该尽可能尊重这些动物的利益。当然，此种看法在现实社会中，显然很难被人们接受，过度强调了动物独立于人类而存在的价值以及权利，过分强调了动物具有的感受，而忽视了人类本身的利益。现实生活中，人类很难脱离自身利益而去思考动物所具有的权利，动物所具有的价值也是以对人类具有多大的利用价值来判定的，因此，如果要求人们像对待野生珍稀动物一样对待生活中的害虫，这恐怕很难被人们所接受。

2. 动物权利论的理论困境

（1）理论根基的不确定性

长期以来，在关于权利的探讨中，许多学者给出了很多不一样的观点。有些学者认为权利理论只可存在于人类中间，有些甚至对权利理论本身的存在表示怀疑。汤姆·雷根在《动物权利研究》中提到，"没有什么问题像道德权利争论这样，把哲学家们深深地割裂开来"。辛格在论证动物解放论时谈到过权利的概念，并提到一些哲学家蔑视在道德哲学中诉诸权利。辛格甚至直接指出，以权利为核心所汇聚的一套语言是一种图求方便的简化政治语言，在关于讨论如何对待动物权利的问题上，它完全是多余的。黑尔认为，人类社会中使用的权利说辞，会促进符合人们自己社会团体利益的物质分配，是发动阶级战争和内战的说辞，会使人们在追求权利的同时给其他社会成员和自己带来一切形式的伤害。边沁则认为，权利是和法律相提并论的，只有在法律中才会有权利的说辞，没有法律就没有权利，权利仅仅是法律的结果，不存在除了法律的权利。因此，在道德哲学中也不存在权利一词。R. G. 弗雷认为，人类个体对于价值的拥有并不是相同的，不同人拥有质量不同的生命，动物也是如此。残障和严重疾病的人，其生命质量太低，其生活的丰富性降低，因此其生命的价值也会降低。权利论本身的众多争议导致了动物权利论本身的不稳定性。

（2）逻辑论证的跳跃性

雷根受到了康德思想的极大影响。康德认为人类拥有权利在于人是目的本身，具有理性。因此，雷根在论证动物具有权利时指出，动物不应仅仅被当作手段来使用，动物同样具有固有价值，是目的本身，因此也具有权利。动物具有避免受到伤害的自主选择权利，但是雷根将动物的这种权利上升到人类的理性权利的高度，此论证过程缺乏严密性，具有将动物权利提升到和人的权利相等的可能性，然而两者所拥有的权利是很难相同的。对于人类来说，权利可以包括财产权、发言权、选举权等内容，而这些权利动物是无法拥有的。因此，雷根将权利的范围缩小至道德权利，即包括生命、身体和自由等方面，并在此基础上论证人类和动物的权利是平等的。由此可见，这是对人类权利的片面解读，是通过简化人类的权利范围将动物和人类的权利视为平等，这也是雷根在论证过程中的问题所在。

（3）权利和义务的矛盾

在人类社会中，无论是在道德还是法律层面，权利和义务总是相辅相成的。享有一定的权利，就应该具有一定的义务，而在实现自己义务的同时，也应获得一定的权利。但是雷根在论述动物权利的过程中，仅提到动物具有与人类平等的权利，人类具有保护动物不受伤害的义务，但是没有论证动物对人类具有任何义务。很显然，动物对人类的义务是很难实现的，动物并不具有主动承担并且将之付诸行动的意识，这也是人类与动物的主要区别之一。由此可以得出，人类虽然具有保护动物不受虐待、伤害的义务，但是并不能由此推断出动物具有受到人类平等对待的权利。

（三）实践困境

1. 动物解放论的实践困境

（1）完全素食主义难以行得通

辛格在其理论中提出的完全废除素食主义的主张，在现实中是很难行得通的，而且这一主张与功利主义原理本身也存在相互矛盾的地方。比如，辛格在其理论中主张应该完全废除现代集约式工厂化农场的养殖。这一主张在现实中若实现，会导致很多在农场工作的人失去原有的稳定收入，也会使很多喜欢吃肉的人因吃不到肉而痛苦，同时那些被释放到大自然中的动物，它们很可能会饿死或者成为其他肉食动物的食物。这就意味着这些家畜所具有的不应遭受痛苦的权利失去了意义。

另外，世界上还有很多欠发达地区的人们因没有食物而处于饥饿之中，这些地区的要务之急是解决他们的温饱问题，而不是担心肉食过多而导致的肥胖。解决人类的当前之需要比提倡动物的权利更为迫切，更应该引起人们的注意。不同文化、民族、国家的人们生活习惯和选择不同。因此，辛格提出的素食主义的理论很难适用于所有人。

辛格在提倡素食主义时，首先是提出人们要先禁止吃鸡肉、猪肉、牛肉和蛋类等，但是至于什么动物不可以吃、什么动物可以吃，辛格在此并未划分出一条清晰的界线。辛格甚至直接提道，"划一条明确的界线是颇为困难的事。我可以提一些建议，但读者会发现我在这部分的看法没有本书其他部分那般明确"。辛格认为，除非人们明确知道想买的鸡肉、火鸡肉、兔子肉和蛋类等的出处，否则就不要买。辛格一方面要求人们要身体力行，完全停止吃肉，一方面又指出可以在某些情况下食肉，而对于人们该吃何种肉不该吃何种肉，又没有一个清晰的界线进行划分，这样的主张导致了前后的矛盾。

辛格提到，如果一个生命会"痛苦"，那么人们在道德上就没有正当的理由可以忽视其痛苦。辛格在论述哪些动物可以感受到痛苦时认为，高等哺乳类动物以及鱼、虾等都具有敏感的神经系统，可以感受到痛苦。但是牡蛎、蛤、扇贝等非常简单的软体动物，辛格并不确定如何对待它们，不能确定它们是否有感觉痛苦的能力，而有时甚至也会食用它们，这表现了辛格素食主义的不彻底性。而当提到是否可以吃鸡蛋时，辛格指出如果蛋鸡是在舒适的环境中生存且对于取走鸡蛋并不在意，人们是可以吃蛋的。但是如何来确定蛋鸡在被拿走鸡蛋时并未产生痛苦的情绪，辛格同样没有给出详细的论证。

（2）人类属性的消解

辛格在其伦理学理论中提到了生命的"三分法"，即人格、有意识的生命和无意识的生命。辛格在对生命进行划分时，并不是依照物种来进行划分的，而是试图寻找一种人类和动物的生命共同具有的标准进行划分，即寻求一种人类与动物的生命共同存在的同一准则，这在某种程度上降低了人的地位。

辛格在对人格进行论证时，他指出，可以进行理性思考、有一定思考能力和对外界产生意识的生命都属于人格的范畴，比如模仿人类活动的大猩猩，在辛格看来，这些可以进行思考的高级哺乳类动物就属于人格的范畴。辛格的这种划分方法很明显是对人类的属性进行了消解，降低了人类的道德地位。从此，动物、植物和人类的划分将变得并不明显，甚至未发育成熟的婴儿也被排除在了人格的范围之外。辛格认为，人类的利益并不是永远高于动物的利益，在某些特殊的情境中，我们需要优先考虑的是动物的生命。对于智障婴儿，辛格并未考虑到智障婴儿具有潜在成长成人的潜力，他们有可能会在未来社会中处于弱势地位，因此更应该受到人们的同情。

辛格的"三分法"因违背了人类情感而陷入了一个矛盾的困境。辛格在对"人"的理解中，忽视了胎儿和新生婴儿可以作为潜在发展成人的能力，也忽视了人类可以从无自我意识发展至有自我意识的过渡。辛格认为，杀死一个正常成年人确实要比杀死一只老鼠更为严重，但是他同样也提到某些生命所具有的一些特色使它们比其他生物更有价值。例如，一只黑猩猩、狗、猪等动物的自觉程度就要高于一个严重智障的婴儿或者是极度衰老痴呆的人。辛格甚至认为，这些动物要比这些智障者或者是痴呆者具有更多的生命权利。辛格同样承认，这个结论或者是增加了黑猩猩、狗、猪以及其他一些物种拥有生命的权利，或者是证明了严重智障者与衰老痴呆者没有生命的权利。但是辛格同样也承认这两种结论都有失妥当，并未对此进行更深入的讨论，而是更加关注于相关的动物伦理问题。

（3）动物实验难以完全废除

辛格在提出废除动物实验时，即使承认现实社会中人们可能难以接受完全废除动物实验的主张，也承认不排除在某些特殊情况下某些动物实验是可以被允许实施的，但是其最终的主张，还是希望完全停止以动物为对象进行的科学实验。辛格假设，如果人类可以把对动物利益的考虑与对人类利益的考虑同等看待，那么动物实验就会停止。辛格指出，即使动物实验完全停止，医学研究仍然不会终止，虽然新产品可能会减少，但是人类照样可以过活，新产品的制作也可以利用无害的物质做成，因此人类的损失并不大。即使新产品需要进行实验，也可以不用动物而改用其他方式。基于现今的科学发展程度，很显然，医学动物实验仍然不可缺少且依然会在较长时间内存在。有些必须以活体生物为研究对象的实验，若没有动物的参与，其研究成果的有效性及精确性会受到一定影响。

人类的生活不仅是为了维持生命，还需要提高生活的品质，而由动物实验提供的多种药物减少并治疗了多种疾病困扰。科学需要不断求新、进步，而不仅仅只是停留在先前产品的基础上。因此，辛格的此类主张是难以适应社会发展需要的。

2. 动物权利论的实践困境

（1）绝对废除主义难以实现

雷根在动物权利论中提到的绝对废除主义，在现实社会中是很难使人们接受的。雷根主张完全消除商业性动物饲养，号召人们加入素食行列中。但是人类本身就是杂食动物，有的人非常喜欢肉食类产品，如果让这些人完全停止吃肉，对他们来说也是一种痛苦。另外，地球上还有很多地方并未完全解决温饱问题，尤其是欠发达国家和地区，粮食的匮乏可以以肉食类产品为补充。同样，医用实验动物在促进现代科学发展过程中发挥了巨大作用，若完全废止动物实验，在现实社会中也是不太可能的。

（2）生存法则无法确保所有个体权利

从生态学的角度来看，人与动物都属于大自然中的一员，所有物种都是生态系统中的一部分，不同物种之间自古以来就存在相互竞争和捕食，一个生命得以延续就必然会伴随另一个或另一些生命的牺牲。大自然早已确立了这一生存法则。"自然界在不同的猛兽胃里为不同种的动物设立了一个结合的场所、合并的熔炉和互相联系的联络站。"由此可以看出，不同物种在生态系统中处于不同的位置，同受大自然中生存法则的约束。如果将辛格提到的动物权利的范围扩张至所有的动物，所有动物均具有不受伤害的权利，那么处于食物链中的动物被其上一级的动物捕杀时，其权利是否应该去进行保护呢？如果抛除人类本身，单纯对动物进行考虑，可以想象得到，处在弱肉强食、适者生存的大自然中的动物，并不会考虑自己将要去捕杀的猎物是否拥有不被杀害的权利，以及自身是否会侵犯其他动物权利，因此动物与动物个体之间很难保证其自身拥有权利。

（3）道德法则的局限性

人类在长期发展变化过程中，为了更好地与其他人交往相处，发展出了适用于人类社会自身的标准制度，并逐步形成人类社会的道德法则。可见，人类社会形成的道德法则主要是针对人与人之间的。在现实生活中，如果动物的利益和人的利益发生冲突，或者是动物对人的利益造成损害时，动物的利益很有可能会被忽略。人类社会文明发展到一定阶段时，其道德文明程度也在逐步发展，伦理的探讨范围不断扩大，逐步将动物纳入人类道德关怀的范围之内。但是人类对于动物的保护依然是出自人类对于动物的怜悯、同情之心，这只能使人类在日常生活中提高对于动物保护的意识，但是并不具有任何强制约束性，对动物进行不必要的伤害的人难以受到惩罚，因此，动物保护权利不仅需要在伦理道德范围内进行探讨，同时也需要付诸法律的要求。

第二节　东西方动物伦理思想比较

近代以来西方动物伦理主要的理论前提，一是动物的天赋权利，二是动物感知苦乐的能力。中国古代儒家动物伦理的理论前提是"天地生生之德"。在西方历史上，人类中心主义长期主导人类对待动物的态度，直到近代才出现动物伦理，而中国的动物伦理已经出现两千余年，并且一直绵延至今。西方动物伦理一出现就高度法律化、制度化、组织化，从而实践化、普及化；而古代中国则长期在实践与普及方面缺乏重要进展。

一、西方与古代中国在动物伦理理论方面的差异

人类为什么要人道地对待动物？动物伦理的理论前提是什么？对此，西方与中国答案完全不同。西方学者认为，首先是天赋权利。个人的一些基本权利是自然权利或者天赋权利，这是一切人权的总来源。动物伦理从天赋人权理论中找到了自己的一个理论前提。美国著名生态史专家唐纳德·沃斯特（Donald Worster）在评论奥尔多·利奥波德奠基西方大地伦理（包括动物伦理）时认

为，生态学在天赋权利这个古老的概念上，为利奥波德揭示了一种新的内涵。西方文化中强烈的天赋权利意识，在此前主要表现为反对人类之间压迫的理论基础，现在则扩展到了人与自然关系领域。其次是动物对苦乐的感受能力。一些西方动物伦理主义者认为，动物和人类最相似的地方，是它们和人类一样也是能够感知苦乐的生命体（sentient creatures）。既然应该使人类少受痛苦，那么，对同样能够感知痛苦并且害怕痛苦的动物，也应该使其少受痛苦。所以，动物解放权利论者认为，道德义务的边界应扩展到所有动物。

在古代中国，"天"或者"天地"是宇宙和宇宙法则的代称，是世间万事万物生存、运行要遵守的最高规则。在儒家思想中，天是最高的。孔孟都敬天，奉行儒家治国学说的历代帝王都敬天、礼天、祭天。董仲舒概括说："道之大源出于天，天不变，道亦不变。"那么，至高无上的天或者天道的根本与精髓是什么？儒家的答案是"生生"，即孕育、养育生命。人对天地生生之心的仿效和实践，体现为仁。仁既是人类伦理规则，也是人类的动物伦理规则。值得注意的是，这一思想，在两千年后，居然在西方著名动物伦理家阿尔贝特·施韦泽（Albert Schweitzer）那里有着惊人相似的回响：善是保存生命、促进生命，使可发展的生命实现其最高价值。恶则是毁灭生命、伤害生命，压制生命的发展。这是思想必然的、绝对的伦理原则。

二、西方与古代中国在动物伦理实践方面的差异

同中国相比，西方的动物伦理出现得比较晚，但是一旦出现，

很快就高度法律化、制度化、组织化，从而高度实践化。

1822 年，英国的《马丁法令》在世界上首次以法律条文形式规定了动物的利益。1850 年，法国通过反虐待动物法律，随后爱尔兰、德国、奥地利、比利时、荷兰等国家也通过了类似法律。1982 年，联合国大会通过《世界自然宪章》并宣布："每种生命形式都是独特的，无论对人类的价值如何，都应得到尊重。"迄今为止，西方主要国家都有极其完备、详细、周密的保护动物福利的法律。

在美国，几乎所有医学院的学生都有权拒绝做动物实验。涉及需要用动物做实验得出数据的科研论文，若想发表在国际期刊上，就必须提供"动物伦理委员"开具的相关证明，以证明这个实验符合动物伦理。美国颁布了很多野生动物栖息地保护的法案，例如《岸堤资源法案》《濒危物种法案》《荒野保护法》《湿地保育法》。为了打击濒危野生动植物的国际贸易，确保野生动植物物种的持续利用，1973 年 3 月，80 个国家代表齐聚美国华盛顿州共同签署《濒危野生动植物种国际贸易公约》，又称《华盛顿公约》。

美国民间亦大力推动对动物福利保护的法治化。1964 年，克拉伦斯·莫里斯在其出版物《大自然的法律权利》中，提出要把法律权利授予飞鸟、凶猛的野兽以及小花、池塘、原始森林、馨香的山村空气。1972 年，环境行动主义者呼吁制定一个"所有野生生物的权利法案"。

中国古代动物伦理高度发达，而遗憾的是，在社会实践方面，除了一些人能够自觉地实践动物伦理之外，还是有一些社会成员并没有实践动物伦理。

第三节　动物保护的伦理原则和规范

一、动物保护的伦理原则

应当建立怎样的适合中国国情的动物保护伦理原则呢？我们不仅积极吸收当代国内外优秀的动物保护伦理思想，还要从中国古代的动物伦理思想中汲取智慧，为构建中国特色的动物保护伦理提供智力支持。

（一）维护生态整体利益的种际正义原则

随着人类道德文明的不断发展，一些处理人类内部关系的道德原则被运用到人与自然之间，于是产生了环境伦理学。同样，我们可以将处理人类内部关系的正义原则运用于人与动物及其他生命体之间，来探讨人类与其他生命物种的种际正义。种际正义原则要求人们正确处理人与其他生物物种之间的利益分配。

非人类中心主义基本理念指人与动物及自然之间应处于平等的地位，提倡动物与人平等，把平等的主体由人类扩展到了动物和整个生态系统。人类应主动追求与其他生物物种的和平友好相处，并对其他物种负有帮助义务。尊重每一个物种的伦理主张，有利于维护自然生态有序发展和稳定。人和物种的同一性是种际正义产生的前提，人类应与其他物种共生共荣。种际正义原则是人类可持续发展的基本道德原则。种际正义认为人类通过文化学习成为有理性的人，所以人占有和使用更多自然资源也很正常，人类相对于动物具有更强的生存能力，这表明人类应担负更多伦理责任，故人类和动物的伦理主张具有文化差异性。这样的主张实质上是人类对自我的约束和自我规范的正义原则。

种际正义原则是一种强调人与自然和谐共处的伦理主张，追求人类与动物及自然和谐共处，确保人类与动物及其他物种现在及将来的生存利益或福祉。人类社会和动物在地球共同体中相互作用和制约，它们是不可分割的有机体。这就要求动物保护伦理把正义的内涵从传统伦理学中人与人之间关系的领域外延到人与动物关系的领域，不仅要在人与人之间合理地分配利益和义务，还应考虑人对动物和其他物种的义务及公正。不仅赋予人类成员权利与义务，而且要对非人类存在物赋予权利和地位，把人类和动物都纳入道德共同体之中来。把道德对象的范围从人类扩展到非人类动物及其他非人类物种，这为解决不同物种之间冲突提供了一种新的思维方式，本质上来说，这是一场伦理学的革命。辛格和雷根都认为，以一个个体是否属于人类而决定是否给予其平等道德地位，这是不合理的。地球上的所有物种都是平等的，任何一个物种都不比其他物种更为重要。

自然界一切事物都是相互联系的，生态系统的各种因素普遍联系并相互作用，所以生态系统是一个和谐的有机整体。人类和植物及动物共同生活在这个生物圈环境中，他们在这栖居并与其周围环境之间，进行物质循环和能量流动的交换。每个物种在生态群落里都有自己的地位和功能，即生态位。地球上众多生命相互依赖、相互补充、相互促进，才保证生命共同体的真善美。大自然稳定和生机有利于种类多样性和生态健康。从整体角度看，人类应该是地球保护者而非掠夺者。

（二）个体视角下的尊重生命原则

动物和人一样都是自然进化的产物。动物在认知能力、感受苦乐能力及对生命本能反应与人具有许多相似性。英国动物科学家珍妮·古道尔（Jane Goodall）在 35 年时间里，用自己亲密接触黑猩猩来说明人类与动物之间大同小异的事实。人类的道德义务要求我们尊重各种动物，因为它们和我们一样，能感受苦乐及有喜怒哀乐的情绪。

尊重动物的态度取决于我们如何理解动物和人类的关系。人类与动物都是地球生物圈的一个有机部分，它们在生命共同体中享有平等地位。人类并非天生就优于其他生命体，因此人类应该尊重动物个体。人类应该从个体角度对每个个体给予充分的尊重。每个动物生命个体都享有平等的道德地位，它们都以自己特有方式实现自身的善。由于每一个生命个体都是其存在的目的，它们都以个体形式与其生存的外部环境发生联系，若我们站在客观立场，不再把生命个体当作人类的工具，而是它们自身的存在物，这样生命个体就能真正进入人类的道德世界。动物个体生命有其内在价值，人类不能越过伦理约束伤害它们，每一个有道德的人都会尊重动物生命。拥有自己利益的动物个体都是道德关怀的道德客体，因而人类应该尊重每一种动物的生命个体。

二、动物保护的伦理规范

关于对野生动物的保护是动物伦理学理论的重要内容。我们一方面从整体角度建构种际正义原则，这是人类在实践中对待动物态度的基本原则，即地球圈上的物种都享有平等生存的权利。另一方面从个体角度构建尊重生命原则，这是人对动物应有的态度。就此，下文将阐述在这两种原则指导下的人类应该遵循的伦理规范。

（一）杀生得正：避免无谓伤害

在动物保护伦理中，避免无谓地伤害动物是最重要的道德要求，人类不能为了自己非基本需要利益而伤害动物基本需要利益。在历史长河中，人类早已认识到在利用动物时要保护动物，例如重视动物的合理使用和培育、提出采集有节等主张。但人类应该怎样对待包括动物在内的其他生命存在物？20世纪50年代，环境伦理学的创始人阿尔贝特·史怀泽提出的敬畏生命伦理学，就是一种对生命的尊重的伦理学。他认为动物有其自身的内在价值或目的，用于人类的道德原则和规范也适用于动物。

现代生物学的发展让人们知道，自然法则，即每一种生命形态的生存与发展，无不建立在对其他生命形态的掠食和消费基础上的。食草动物以吞食草类生命为主，食肉动物以掠取其他动物为主，人类则以消费人之外的生命为生。并非所有的杀生行为都是不道德的，都应受到谴责的。为了人类的基本生存利益而伤害一些动物的生命，只要不造成物种的灭绝，不影响生态系统的稳定和健康，不在伤害动物时给动物造成不必要的痛苦，就不一定是不道德的。但人类为了自己的非基本利益去伤害动物生命则是不道德的，是极大的恶，因为这种无视动物生命的行为违反了尊重生命、避免无谓伤害动物生命的道德规范。

（二）仁物佑生：改善动物福利

儒家入世哲学的核心是"仁学"。宋明时期，新儒家把这一思想发扬光大，新儒家把"生"理解为生命，而认为万物都有生存的意志，而这种意志构成天地的"仁"。明代思想家王守仁看到鸟兽哀鸣惊惧而生不忍之心，表明其仁与鸟兽为一体。这种对动物的仁爱之心是每个人都有的。王氏又写道："明明德者，立其天地万物一体之体也；亲民者达其天地万物一体之用者也。君臣也，夫妇也，朋友也，以至于山川神鬼鸟兽草木也，莫不实有以亲之，以达吾一体之仁。然后吾之明德始无不明，而真能以天地万物为一体矣。"宋代儒学的代表张载的以天地为父母和万物同类的思想，更是流传千古。基于此，我们从儒学中得到"仁物佑生"的动物保护伦理规范。

（三）平等尊重：不过多干涉动物自由

"自然界最懂得自然"是美国著名生态学家巴里·康芒纳（Commoner）提出的生态学四条定律中的第三条定律。这暗含着人类对自然系统的任何重大的干预，都不利于自然自身的发展，当然这并不是要求人们放弃科学知识，回归到前野蛮时代，而是意味着从动物保护伦理出发，动物和人类都生存在生命共同体中，它们都是道德范围里的成员，都有获得平等尊重的权利。动物物种的群落之间是捕食与被捕食的关系，这种关系可以调节物种种群数量。人为干涉容易造成生态系统不平衡。

自由活动是动物最基本的需要。有感知能力的动物有生活的欲望，它们希望能自由生活和活动。动物在自由活动中可以感受快乐。如果人类强制限制动物自由，动物就会感到痛苦。所以，自由对动物来说是非常必要的。从情感上看，过多干涉动物自由会严重妨碍动物个体的生活品质。强迫动物单独生活在狭小的空间里是对动物的伤害，这在道德上是错误的。

（四）济困救危：保护拯救濒危野生动物

每个动物个体在地球上都有生存权利。基于尊重动物生命和保护物种多样性的目标，人们有济困救危的义务，即保护拯救濒危野生动物。处于最大危险之中的物种，往往是那些小规模的、种群变化很大和种群繁殖速度很慢的生物物种。这些物种在食物链中处于上层，繁殖和保护自己的能力较差，分布范围较小，如果不采取保护措施，它们就很有可能濒临灭绝。根据国际保护自然及自然资源联合会（International Union for Conservation of Nature and Nature Resources）估计，平均每年有一个动物物种或其亚种被消灭，约有 1000 种鸟类和哺乳动物被认为正在受到危害。

随着现代文明与科学技术的发展，人类改造自然能力比以前大大增强，与此同时，人类行为导致野生动物灭绝的现象也增多。中国地大辽阔，有非常丰富的野生动物物种和适合其生存的栖息地环境。但是现在很多野生动物的栖息地，如湿地、草地和森林面积急剧减少或被破坏。当地物种种群长期处在不利其生存的环境，其数量会大幅下降，甚至会种群衰落或灭亡，栖息地的破坏是威胁物种生存的最重要因素。1992 年，中国加入《湿地公约》。2021年 12 月 24 日，第十三届全国人民代表大会常务委员会第三十二次会议通过《中华人民共和国湿地保护法》，自 2022 年 6 月 1 日起施行。近年来，我国通过野生动物栖息地保护和拯救繁育、野生植物就地迁地保护和回归自然等工程，保护了 90% 的植被类型和陆地态系统、65% 的高等植物群落和 85% 的重点保护野生动物种群。

第四节 生命共同体视域下的动物伦理实践

生命共同体思想是习近平新时代中国特色社会主义生态思想的重要组成部分，是生态文明建设的又一理论创新。生命共同体思想有两个表述：一是"山水林田湖草是一个生命共同体"；二是"人与自然是一个生命共同体"。这两个表述内涵丰富，主要可以归纳为人与自然和谐共荣的生态自然观、整体系统的生态治理观和科学的生态发展观，既继承了中国的动物伦理传统，又与近现代西方动物伦理存在诸多共识，可以说，生命共同体思想已成为新时代指导我国动物伦理实践的科学指南。

一、生命共同体理念的提出与内容

（一）生命共同体理念的提出

党的十八大审议通过了《中国共产党章程（修正案）》，其中将"中国共产党领导人民建设社会主义生态文明"列入党章。这是首次将生态文明纳入党的总章程，它表明我国建设社会主义和谐社会的重大决心与魄力。《中共中央关于全面深化改革若干重大问题的决定》（2013 年 11 月）中指出："我们要认识到，山水林田湖是一个生命共同体，人的命脉在田，田的命脉在水，水的命脉在山，山的命脉在土，土的命脉在树。用途管制和生态修复必须遵循自然规律，如果种树的只管种树、治水的只管治水、护田的单纯护田，很容易顾此失彼，最终造成生态的系统性破坏。由一个部门负责领土范围内所有国土空间用途管制职责，对山水林田湖进行统一保护、统一修复是十分必要的。"2022 年 10 月，党的二十大报告中明确提出"促进人与自然和谐共生"。这一论述从马克思主义唯物史观层面，不断将运用人与自然是有机整体的思维方式开展工作推向一个新的高度。

（二）生命共同体理念的内涵

在人类历史发展的过程中，人类中心主义和非人类中心主义作为截然不同的两种方法论指引，背后折射的是人类应当如何与自然相处的应然问题。在这一背景下，习近平总书记提出的生命共同体理念，是高于生物共同体的生态伦理学范畴下的概念。在生态伦理学中，自然对人类道德要求的"应然"范畴与生命共同体理念中人与自然"实然"关系的桥梁，应当是人类生命和非人类生命利益的相互关联与相互理解。

2017 年，习近平总书记在党的十九大报告中正式提出"人与自然是生命共同体"的论述。2018 年 5 月，在纪念马克思 200 周年诞辰大会上的讲话中，习近平总书记再次提及"人与自然是生命共同体"，两次论述在不同时间、不同场合都阐明了相同的观点，即人与整个自然界以及与共同体的其他部分间是一种具有约束性的生态伦理关系。从内容上看，习近平总书记的"生命共同体"理念可以分为两个维度加以解析。横向上，不仅有人与自然所组成的生命共同体，还有自然界各物种所组成的生命共同体，他们相互包容、相互理解，在更广的生活空间内共存。纵向上，人与自然构成的生命共同体不仅生生不息，相互共存，更要价值相向，协调发展。人与自然生命共同体理念的最终落脚点应当是自然界与人类社会、人类社会之间的双重和解。建设人与自然生命共同体是新时代中国特色社会主义生态文明建设的伟大任务，为此需要在实践中重构生态正义观、生态价值观以及生态治理观，为世界生态文明体系的构建与完善提供东方方案，构建东方环境话语体系。

二、生命共同体理念的特征

（一）从生命维度揭示人与自然唇齿相依

长期以来，人们将绿色视为生命的颜色，它象征着自然界生生、协变、臻变的自然形态美。自然界孕育了人类，人类的生存离不开自然生物圈，生物的发展、进化也离不开人类的参与。人与自然是矛盾的辩证统一体。世界上任何事物都离不开矛盾，都具有矛盾的普遍性。生命共同体理念是对辩证法的运用，它将人与自然这两个生命共同体融入宏观的矛盾框架中，强调人与自然矛盾的普遍性，即缺一不可的共生状态。马克思曾说"人是自然世界的产物"，自然界应被视为一种人类身体的无机延续，人类通过对自然界的改造获取其生存所需的物质生产资料。

其次，自然界制约人类生存发展。自然作为"应然"指导、制约着人类生产生活，人类为满足自身发展需要，必须尊重客观规律，在自然允许的限度内从事劳动。马克思在《关于费尔巴哈的提纲》中提出："肉体的、感性的、对象性的存在物……是受动的、受制约的和受限制的存在物。"这表明人类自身的发展活动，必须时刻以客观规律这个"应然"性态对照自我指导实践，充分发挥主观能动性的前提是了解需要改造的客观事物的自然属性。恩格斯也曾经说过："我们统治自然界，……我们连同肉、血和脑都属于自然界并存在于其中。"

最后，人类在生命维度与自然界唇齿相依。自在自然在人类出现的那一刻起，就在不断被改造为符合人类需求的人化自然，也不断影响着人类的存在方式，人与自然是相互联结的生命共同体。

（二）从价值维度揭示人与自然利益共存

马克思主义者认为，生命共同体中各成员的生存利益是由人类与非人类生命的其他成员互动过程中形成的，其利益主体是人。这显然有别于生物中心论。虽然同是强调整个自然生态圈中除人类外其他生命体的自然主体地位，但生命共同体由于其基础是生态伦理学，更加强调人类在整个互动过程中的价值判断与价值选择，也就是说，生命共同体更加重视人类道德向度的扩展。生物中心论者肯定了自然界除人类外其他一切生物的存在价值，但未能衡量其价值内涵。如果将一只猫、一头牛、一条鲸鱼和一个人的存在利益视为完全等同，显然是怪异而荒唐的。

马克思和恩格斯表示，自然的命运就是人的命运，伤害自然就等同于伤害人类自身。因此，他们强调的是人与自然生存利益的统一。人类作为自然界中唯一具有道德能力的物种，在协调好人类与非人类生命体生存发展利益的同时，更要维护好人与生命共同体这个整体的生存发展权益，不仅要实现"同存"，更要实现"共生"。

（三）从实践维度揭示人与自然价值相向

自然是人类社会赖以存在和繁衍发展的必要物质条件，人的价值趋向是维系自然与人共生关系的存在。人与动物同为自然主体，皆受自然系统规律所限制，自然界通过反馈调控规律，将生物与生物、生物与环境之间的种群密度调节到可以承受的范围之内，从而让复杂多变的生态结构不断趋于系统，最终实现自然界物质流、信息流的闭路循环。

自然界的闭路循环规律是一种趋向节约、开源节流的价值趋向。自然系统的物质流、能量流、信息流的流动、循环与传递过程，会时时受到人类活动的干预和改变。人与动物一样必须适应自然规律，但二者区别是，人类作为自然界唯一拥有道德的生命主体，可以通过劳动主动改造自然、发展自然，使自然界符合自身的意图和目标，而动物却只能被动适应环境。人不能无条件、无节制地开发自然、改造自然。在出现不和谐状况时，人在自身道德约束下会调整和控制自身行为方式，使其不至于影响系统整体。这种规律支配着自然界中的每一种生命形式，并集中表现为统一的价值趋向：即人与自然、自然界中的各种要素相互和解，达到和谐。循环再生、反馈调控规律彰显了自然系统和谐的自然生态美，也体现出自然价值取向的本然形态。

三、生命共同体理念的实践意义

生命共同体思想中蕴含的动物伦理观的伦理依据是人与动物

和谐共荣，而科学地利用动物资源和整体系统的生态治理是其方法论。生命共同体思想糅合了中国古代动物伦理和近现代西方动物伦理的先进之处，并进一步弥补了两者的不足，最终成为逻辑严密、科学有效的理论体系和实践指南。因此，生命共同体思想对于新时代中国动物伦理的实践应用有着极其重要的启示和指导作用。

（一）变革观念和修正行为

实现包含野生动物保护在内的新时代中国动物伦理实践关键在于人。生命共同体思想将内化为先进的动物观念，并外化为具体的动物行为实践。

首先，要重视教育对塑造正确动物观念的重要作用。加大学校、社区和家庭的立体式教育，帮助人们重视野生动物独特的生命价值，尊重野生动物快乐生活的权利，塑造人与自然是生命共同体的观念。其次，要以参与式的实践和利益性关联的措施，严禁对野生动物的滥捕、滥杀、滥食行为。设立志愿者组织，提供公益性岗位，对其保护野生动物方面的知识和能力进行培养，对有突出贡献的人或群体要给予一定经济上的奖励和精神上的鼓励。

（二）重塑社会发展与动物资源的关系

长期以来，经济社会发展与动物资源之间的矛盾关系是社会各界讨论的热点问题。科学的生态发展观强调，包含人与野生动物在内的所有组成要素是一个生命共同体。从全社会集体的层面上来看，生命共同体思想将成为重塑经济社会发展与动物资源之间关系的行动准则。

　　转变经济发展方式，推动动物资源尤其是野生动物资源的可持续利用，是实现美丽中国的必由之路。在当前社会中，人们普遍存在将经济社会发展与动物资源片面对立的错误思维方式，导致许多令人惋惜的生态事件。2019 年，素有"中国淡水鱼之王"美誉的白鲟被宣告灭绝。人类为谋求经济快速发展，不惜无休止地捕捞、航船不断地惊扰江面、养殖肆意地侵占水域、任意倾倒工农业废水废物，严重破坏了长江的动物生态链，致使包括白鲟在内的多种中国特有的野生动物品种灭绝或濒临灭绝。以舍弃"绿水青山"来换取"金山银山"的方式已是无源之水、无土之木。要克服这样发展的局限性，重塑经济社会发展与动物资源之间协调发展的新关系，就必然要以蕴含科学的生态发展观的生命共同体思想为指导，引领绿色经济发展。

　　因此，要依托生态科技进步，实现绿色经济发展。科学技术是第一生产力，也是推动经济社会发展方式由传统粗犷型转为绿色生态型的第一动力。要加强科研资金的投入力度，将原本要从野生动物或其赖以生存的环境上获取的资源通过人工合成等技术实现，解决过度透支野生动物等自然资源的问题。其次，要合理利用土地和水资源，减少工农业生产对野生动物栖息地的侵占和破坏，保护动物生存的生态空间。

（三）提升政府治理能力和治理体系现代化

　　党的二十大报告提出，"推动绿色发展，促进人与自然和谐共生。大自然是人类赖以生存发展的基本条件。尊重自然、顺应自然、保护自然，是全面建设社会主义现代化国家的内在要求。必须牢固树立和践行绿水青山就是金山银山的理念，站在人与自然和谐共生的高度谋划发展"。新时代中国动物伦理的实践应用，除了重塑经济社会发展与动物资源的关系、变革观念和修正行为外，还需要以生命共同体思想为指导，推进政府生态整体性治理能力和治理体系的现代化，全面有效的生态治理是实现新时代动物伦理实践向纵深发展的前提保障。所有野生动物，甚至包括人类，之所以能生生不息，都是依靠自然资源和生态环境的馈赠。如何维护生态系统的平衡与稳定是新时代中国生态治理能力和治理体系现代化的核心问题。人类的频繁活动带来了一系列的环境问题，不仅威胁野生动物的生存，也影响着人类自己的生存。前面讲到自然界，包括动物、植物以及一切要素是一个整体，而这种整体性，决定了人类要想实现有效治理，就必须在生命共同体思想的指导下完成。以往，人们对生态的保护大多是碎片化的，种树的只管种树，治水的只管治水，遇到破坏环境的问题，经常是部门之间互相推诿扯皮。造成生态治理低效、生态问题反复出现的最主要原因就是缺乏有效的生态治理体系和治理能力。整体系统的生态治理观是生命共同体思想为政府推进生态整体性治理能力和治理体系现代化的一剂良方。

所以，要坚持"山水林田湖草是一个生命共同体"，制定统一的生态治理规划。以"三全原则"制定规划，即全方位、全地域、全过程，打破行政区划和技术流程上的藩篱，将所有自然资源视为一个有机的整体。执行规划要实现区域间的联防联控。社会各界通过大数据等技术手段做到统一保护、统一修复和统一治理。其次，要建立健全有关立法工作，确保法律无死角。再好的理论也需要实践来落实，对于动物伦理，法制化无疑是最好的实践。需要注意的是，现行与环保相关的法律法规很多是由外力推动的立法，未来立法机构和执法机构应该发挥主动性，只有这样才能防患于未然。再次，要全力实现生态整体性、系统性治理的制度化和组织化。法制化是保障，要想使法律发挥实效，还应该有职能明确的执行者，"河长制""湖长制"是这方面的伟大实践和典型代表。在生命共同体思想下，山、水、林、田、湖、草、野生动物的治理体系应该整合，在整体性治理规划下不折不扣地通过系统化治理体系执行。

第五章 当前中国社会动物伦理的实践分析

第一节 动物伦理的实践机制

关于动物道德地位的确认及其相关权利的保障，是重塑人与自然之间和谐关系的一个重要步骤。以美国著名环境哲学家巴尔德·克利考特（Baird Callicott）为代表的从事动物权利相关问题研究的非人类中心主义学者曾经不约而同地指出："生态系统的发展和生物繁殖的稳定性，实际上是由自然界中占主导地位、起主导作用的动物掌控的，环境的整体性特质集中体现为动物界的弱肉强食，以此为基础，强者繁衍，弱者灭绝。"这表明，人与环境抽象的伦理关系必须通过人与动物之间具体的伦理道德准则来彰显。但是相较于人与人之间的伦理关系，人与动物之间这种关系的建构实际上更为复杂。因此，为动物伦理的实践寻找到一条切实可行的具体路径便成为当前理论界的主要任务。

一、理性的困境：动物伦理实践的助推器

通过对近百年来西方理性文化占主导的"人类世"（anthropocentric）中心法则的剖析，我们可以发现一个非常有趣的现象，那就是提倡以人类为世界的中心、赋予人类主导地位的大多是理性主义者，而呼吁将环境保护与人类生存有机联系起来，将动物权利与人类权利相同对待的往往是非理性主义者。比如，像法国人文主义思想家蒙田（Montaigne）一样的怀疑论者、像大卫·休谟（David Hume）一样的不可知论者以及像约翰·米勒（John Miller）一样的无神论者。这似乎看起来是一个很难让人信服的"事实"：人类对动物的关心和爱护完全是人类非理性的表征。那么，这是不是意味着，动物伦理从本质上而言是不可能产生在理性的人类社会中呢？

我们会发现，人类引以为豪的理性实际上并不能够完全预测和控制人类自身的行为过程和行为结果，单独的理性自身甚至不可能成为引起人类行为发生的直接动机。这实际上暗示了人在"动机—行为"的行动模式上是与动物无差别的生物，特别是在某些特殊情形下，人是依靠本能和应激性促使了某种行为的发生，理性本身并不参与到人的所有行为过程中。

因此，理性的应然判断与行为的实然发生之间必然会存在断裂。也就是说，人类的并不是每一个行为都必然地包含了理性，二者之间不相容的部分便形成了所谓的"理性的困境"。按照休谟对理性的分类原则，在此理性化为演绎理性和归纳理性两大类。其中，演绎理性更注重观念之间的联系，注重思想与思想之间逻辑的自洽与关联，而归纳理性则更注重经验事实，注重认识对实在的符合。所以，如果要分析理性的困境并提出一些解决对策，

就应当从这两种理性下手，逐一进行分析。

对于演绎理性而言，有一个预先被设定的默认原则，这个原则是理性推理发生的逻辑基础。相较于演绎推理的其他推理部分，从该默认原则到具体事实的第一步推理往往在逻辑上是最弱的。但这一步也恰恰是促使行为发生的关键。那么在这关键的一步中，是什么替代理性成为行为发生的关键呢？休谟认为，这种行为发生的关键源于人当下最重要的需求，因为抽象的演绎和观念的联系，就像数学上所有发生关联的数字一样，它们都不可能只依靠自身就对人的行为和激情产生根本的影响，它们最多就是在人的需求和情感的支配下，成为人实现自身的目的行为而已。

对于归纳理性而言，从事实到认识，中介的桥梁不只是理性，还有冲动、情感等多种感性的成分，就如每个人都不可能绝对中立地去认识和分析客观现实一样。即使我们尽可能地运用理性对认识进行控制和调整，但是判断我们自身认识是否与客观实在相一致的标准仍然是按照人类的主观偏好进行的。因此，从这个角度而言，理性只是参与和调控了归纳认知的发生路径，它并不主导整个认识的直接发生，理性自身最大作用的发挥仍然需要依靠人类主观情感对某一具体事物的偏好进行。当人类的喜好越偏向于某一事物时，他也越能用理性来协助情感对该事进行认识。相反，当人类的喜好越是远离某一事物时，他便越不受理性在认知上对该事物的支配。由此看来，在具体的行为发生过程中，理性对人类的助力是远远小于人类自身的情感作用的。比如19至20世纪的英国，关于动物权利保护的法案颁布于1822年，比奴隶解放及其人权保障的相关法案早了10年；再如，英国反对对动物实施暴力和虐待的法案颁布于1849年，但关于妇女解放的权利法案却直到1918年才得以通过……以理性作为解释这些行为的原因是根本行不通的，因为没有一个国家的统治者会在经过理性分析后仍然把动物的利益置于人的利益之前，而这种做法从根本上也难以得到被统治者理性的认同与理解。

理性的主要表现形式——"自治"（autonomy）一词最早出现在康德的词典中，属于认识论的范畴，是人类的专属名词，后来多用于指代人类能够自由对话和理性思考的能力。西方理性主义代表们认为，对人类"自治"能力的揭示意味着人类是理性和语言行为的主体，这在无形中也表明人区别于动物的本质所在。因此，在理性主义盛行的近代西方，以有差别的方式对待自己与其他生物，在许多哲学家和科学家看来就是理性的要求和表征。但是随着上述"理性的困境"的揭露，"人类世"中心理性万能的主导逻辑被颠覆和瓦解，人们开始重视情感和直觉等感性因素在人类生存和发展各种关系中的作用，而这也是从根本上推动动物伦理构建的关键一步。众所周知，虽然动物不具备人所有的理性，但是动物同人一样拥有情感和欲望。这种心理特质是人与动物都具备的，这种共同的生物心理机制使人与动物之间伦理关系的实践成为可能。

二、移情：动物伦理实践的重要发生机制

尽管人与动物有着共同的生物心理机制，但是一些人类中心主义者仍然坚持认为，生物心理机制并不能使动物伦理实践的另一个困境——维持动物与人之间关系的有效交流——得以解决。对此，德国著名文本解释学家汉斯 - 格奥尔格·伽达默尔（Hans-Georg Gadamer）指出，对话虽然是表达理解和进步的一种方式，但是它并不意味着对话双方一方对另一方的妥协。在整个对话和交

流中，理性主义所谓的"主导"是不存在的。"对话是对暂时性认同的一种假设，在对话中会不断地有新的东西出现。我们不能说对话的真理和谈话的结果，一定就是一方对另一方的屈从和妥协，相反，它是双方各自内心智慧的保存。"从这个角度看，现代的非人类中心主义学者们通常都会认为自然界中"主导的逻辑"（logic of domination）是不存在的，他们更主张在人与其他生物之间构建一种移情的交流方式（empathy communication），并以此来代替理性的对话（rational dialogue）。在非人类中心主义者们看来，这是实现人对其他生物关照、体现人与其他生物平等的重要前提条件。

那么，人们如何能在人与其他生物之间构建有效可能的移情交流方式呢？麦克道尔（Mcdowell）认为，人作为生物的一种，本身也具有其他生物所具有的共同属性，他将之称为"生物性"。在生物性中，情感（sentiment）和感性（emotion）是最主要的自我表达方式。因此，人类完全有能力搭建一个整体平衡的舞台，将自己和动物一同放进这个舞台中，以开放的"情感交流与体验"来达到与其他生物的共鸣。后现代主义人类学家哈拉维也用"伴生种"（companion species）的关系来描述以第一生物性为平台而建构起来的人与动物的联系："在伴生种的关系中，动物不再只是人类行为的对象。相反，它能够在具体的历史与境中，与社会其他存在一起形成人与动物之间描述的伦理关系。"这种伦理关系能够建立的原因就是人能够通过移情寻找到与动物情感交流的具体方式，并进一步以此为基础分析动物某一行为背后的情感动机，从而建立起人与动物之间特殊的"对话"与"交流"。可以说，动物与人之间伦理关系建立的一个重要基础便是伦理关系双方能够自由地进行情感的表达与行为的对话。

因此，动物与人之间的伦理关系是以感性为前提的建构，而并非以理性为基础的产生。这也印证了近代怀疑论者休谟的思想，即单独的理性并不构成行为的动机。对于休谟而言，即便是人类，促使他们行为产生的直接原因也是感性和情绪，理性只是在行为产生的过程中起了间接的调配和修正作用。例如，当一个人口渴想喝水时，支配他喝水这一行为本身的直接动机是他想喝水的情绪和欲望，至于他会去哪里喝水、喝什么水、怎么喝，这才是理性要参与的内容。基于此，我们在实践与动物的交往时，要以非理性、非逻辑的方式作为同动物对话交流的主要手段。具体说来就是，通过观察具体交往对象的生理结构和行为方式，产生对对象与自身之间的类比判断与对比判断，然后通过移情的方式来推测交往对象可能发生的反应和行为，并在此预测基础上勾画出自我的反应与行为模式。

三、动物伦理的实践路径

动物伦理得以形成的基础在于人与动物之间共同的生物心理机制及其中移情作用的发挥，但这并不意味着有关动物伦理准则的最终形成也是感性自发的，它仍然是人理性思考的产物，是以理性的"显学"形式存在的。那么，作为理性的主体的人应当通过何种方式将动物伦理发生的情感基础与动物伦理确立的理性表达结合起来，使动物伦理的实践机制由自发的感性过渡到具体的理性呢？

在非人类中心主义者们看来，所有的认知按照内容来源，都可以被分为印象（impression）和思想（idea）两大类。印象形成的直接来源是生活中个体的亲身经历，它是大脑对具体发生事件的重复和再现，直接影响和调节着人类经验的形成，因此往往是富有生动细节的情感体验。而思想，相较于印象而言，则是大脑的复制品，是对接原始生活经历的模糊再现。一般而言，思想不如印象那么细致和生动，但是它能够延展人对某一印象的情感理解，从而使某一认知过程从直接的情感体验转向间接的理性分析，而这个过程就是印象与思想融合的过程。

实事求是地说，要让人类自觉地放弃至高无上的世界主导者地位，而成为与其他生物类似的世界参与者，这是一件非常困难的事情，特别是对早期的理性主义者来说，这是非常荒谬的。早期的理性主义者坚持理性和信仰的绝对分离，他们将人与自然的和解以及人与动物的平等，看作宗教意义上的信仰，认为这两点在现实中是绝对不可能实现的。

"人自身实在有个是他与万物有别，并且与他受外物影响那方面的自我有别的能力，这个能力就是理性。"在理性主义者看来，理性本身构造了人类生活的真实世界，唯有被理性引导的生活才是健全的，人也只能借助理性来确证自身的宗教信仰和现实行为，情感和意志则必须受理性的规范，在人的精神中唯一实际存在的就是理性。然而，随着人类理性的逐渐深化与扩张，人们发现，但凡是有理性立足的自然社会领域，也存在着许多难以克服和解决的危机，而这些危机被理性所引发，却不能因理性而解决。在此基础上，一些理性主义者开始从绝对理性走向相对理性，试图将信仰与理性结合起来，以寻求人类精神的自我救赎，并以此为基础建立一种新的超越人与人之间的伦理秩序。

理性主义者认为，信仰的回归在某种程度上抑制了人性的弱点，削弱了"人类世"的中心地位，使人类的主导者地位开始动摇。可以说，信仰在一定程度上填补了理性的缺失，同时为人类移情提供了推动力。这种推动力也是动物伦理可能实践的思想动力。胡戈·弗里德里希（Hugo Friedrich）曾说过："人所认为自己特有的尊严实际上是如此的不堪一击，因为许多人所拥有的东西，很轻易地就被运用到动物身上了。比如人的交流方式，人的生存原则，人的快乐和痛苦，人的伦理和道德……只要你相信，动物也就以它们的方式拥有着这一切。"基于此，一些非人类中心主义者希望人能够以管理者的身份来保证这个世界的运行。所谓管理者就是在坚持人与动物和谐相处的前提下，按照理性意志来调节和维持人与动物的关系。从本质而言，管理者就是集理性与信仰为一的统一体，从主导者变为管理者的过程就是用信仰来推动移情能够顺利实现的过程。如果没有信仰，即便再有理性，也不能实现移情，不能真正体现人对动物的关照，不能建立人与动物之间的伦理秩序。理性的充分发挥必须要以信仰作为支持和保障。总的来说，将信仰作为移情实践的主要推动力，既是动物伦理的实践所必需的要素，也是动物伦理所要体现的根本要义所在。

第二节　动物伦理教育

伴随着生态系统的不断恶化、动物物种的加速灭绝以及动物科学在实践领域的广泛应用，人与动物的关系问题被赋予了新的内容。在意识形态领域，伦理的对象得到了扩展，越来越多的人倡导人与动物的协调、平等、尊重。在这种环境背景下，解决好人与动物的关系问题成了人们普遍关注的问题。但解决的成败与否不仅需要法律，更需要社会道德的约束力，依靠信念和社会舆论的作用，运用道德原则和规范来培养有道德、有责任感的人，使人们正确处理动物资源与人的利益与需求的关系，遵循正确的价值判断来保护与利用动物资源，达到动物资源健康可持续的利用。然而，这种道德的约束力只有涉及广大人民群众时才更有凝聚力，因此对公众进行动物伦理教育显得至关重要。

一、培养公众对动物价值的认识

伦理学本身是一门价值科学，它从利益关系的角度讨论客体对象对于主体的意义和价值。因此，动物伦理教育的首要问题是提高公众对动物价值的认识。从对公众爱护动物意识的调查分析中发现，公众对待动物的价值观有很大的不同，其影响因素也相当复杂，尤其是青少年群体。在青少年价值观树立之时对他们进行积极的引导和教育，使之具有正确的价值判断能力是尤为必要的。

（一）动物具有自身的价值

包括人类在内的所有生物在地球生态系统中都占有特定的生态位，在地球生态系统的物质、能量及信息流动循环中起着特定的作用。就全局而言，生物间的关系是相互作用、相互依存、相互制约的共生关系。这种关系告诉我们，整个地球生态系统是一个利益整体，其中任何物种的存在都是目的与手段的统一。对公众进行整体生态意识的培养，让人们具有开阔的生态思维，充分认识局部与整体的关系，从宏观上把握动物自身的价值，这是动物伦理教育的第一步。

（二）满足人的需要

1. 科学价值

在生物技术飞速发展的今天，动物正以不可替代的科研价值服务于人类的生产和生活，帮助人们认识了生命的本质，同时也认识了人类自己。当前，生物科学技术已经成为许多国家发展高新技术的关键和重点，以基因工程为代表的大批科技成就涌进了人类社会，进入了公众的生活。与此同时，许多新理念正以空前的规模撞击着旧的观念，对国家政策法规的制定也产生了巨大的影响，许多伦理学问题也随之出现。我们已经看到，许多社会问题都与生物学密切相关。人的价值观受到社会制度、意识形态、宗教信仰、历史背景、传统文化和传统伦理道德等社会因素的制约。在公众充分了解动物科学价值的同时，伦理问题也越来越需要解决。公众价值观教育的目的是帮助人们树立一种正确的价值观，以便在复杂的关系中做出自己的判断，提出符合实际的解决办法。

2. 生态价值

生态价值是自然界对于人的最高价值，是人类存在并开展一切活动的前提。动物资源生态价值丧失意味着动物价值的丧失，乃至人类生存条件的丧失。因此，需要从生态伦理的角度教育公众认识动物的生态价值，提高公众爱护动物的生态意识。此外，生活在生态系统中的野生动物对生态系统的变化具有显示和预警作用，这种作用已被实践所证明。

3. 基因多样性的价值

动物资源是自然界庞大的基因库，其所携带的珍贵的遗传信息是人类生存发展的宝贵财富。目前，人类只利用了很少的物种的部分遗传信息，大部分物种的大部分遗传信息还未被人类关注或认识。这就需要人类尽最大努力保护好自然界的基因库。因此，要通过公众教育，使人们在充分了解基因多样性价值的同时，纠正人们通常认为的，基因多样性只与某种特殊的经济价值有关等错误想法，教育他们要从自然的角度全面分析基因多样性的价值，使之明白基因物质是自然选择的结果，有利于物种的生存。不管这些遗传信息是否被人们利用，某种情况下常常被人们忽视的物种的某些遗传信息可能会使人类受益匪浅。

此外，动物的价值还包括历史价值、审美价值、医疗价值和娱乐价值及一些目前未被发现的备用价值。人们在实践中不能片面追求动物资源暂时的经济利益，而损害整体利益。当前还有一些错误的观点，即把人的需要看成是动物资源有无价值的唯一尺度，而且认为动物资源取之不尽、用之不竭。这些看法深深地扎根于人们的头脑中，支配着人们的实践。因此，需要让公众在认识动物价值的同时，树立起正确的价值观，在参与动物保护与利用的过程中用科学的价值观和方法论去指导思想和实践，从整体利益出发，用生态学思想和行为去对待动物。

二、培养公众对动物权利观的认识

权利一词是一个不断"进化"的概念。作为一种结果，人们的权利伦理观也在不断地经历着变化。教育人们明白动物也拥有权利，而且承认其合理性，人们应该正确行使自己的权利，防止权利滥用造成动物的不必要痛苦与死亡，是动物权利伦理教育的内容。从个体和群体层面上讲，动物个体和群体既有生存物质需

要的满足，如食物、隐蔽物及水等方面的需要的满足，又有特定
生态特征方面的满足。

1. 正确认识动物的权利

当人类的活动对动物福利构成了严重威胁时，动物便会以自
己的方式对人类的行为作出反应。例如人类过度猎杀野生动物，
破坏其赖以生存的环境时，动物物种加速灭绝，地球上物种多样
性减少，食物链破坏，便会改变生态系统的天然组成，造成人类
生存环境的恶化。动物权利伦理教育教育人们动物的权利在本质
上是不可侵犯的，人类对动物的各种行为都要相应程度地受到动
物权利的制约和强制。

动物的固有权利存在于地球生态系统中，是一种整体水平的
生态平衡调控机制，往往表现为对破坏生态平衡的动物有机体自
身活动的制约。这种权利同时具有后发制约性的特点，即对动物
产生的危害往往一定的时间后才能表现出明显的结果。

2. 教育人们尊重动物的权利

动物的权利是在道德层面上作为一个理性命题提出的。动物
解放论者和动物权利论者把动物的权利理解为人的权利的一种扩
展，因而主张人和动物在道德上平等地享有权利。强调人与动物
的平等性要求人类在社会发展的过程中均衡地照顾好各种动物的
利益，尊重其存在及进化方式。因此，我们需要一种新的视野，
从生态科学的视角重新审视人与动物的关系。尊重动物的权利要
求人们不以功利主义思想决定哪些物种是有价值的，哪些是没有
价值的，哪些值得保护，哪些不值得保护。

自主权也是动物的最基本权利。所谓自主权是指在生态系统
的自然选择机制下，所有的动物都有其种群的生态活动方式和追

求自由的权利，例如丹顶鹤有在沼泽、水田附近摄食的权利。各种动物不同的自主性活动反映了不同的种类特征，破坏自主性本质上就是改变动物自主生活的外部环境和天然的生态习性，从而对其生存和物种特性造成威胁。

三、公众自觉遵守热爱和尊重生命的道德原则

道德原则具有广泛的指导性和约束力，是供人们行为选择所依据的理由，是判断人们行为之善恶的根据。同样，动物伦理学的基本道德原则就应是：当一切态度和行为有助于保护每一个动物物种的健康、和谐和美丽的时候，它就是正确的，反之就是错误和残酷的。动物伦理学用这个道德原则去检验每一个问题。热爱与尊重生命这一道德原则是判断人们对动物的态度和行为是否正确的道德标准。人们要对动物的生命怀有关怀和崇敬之情，反对过度捕杀动物，反对一切破坏野生动物生存环境的行为，反对以残忍的方式对待动物。

四、避免激进主义者的出现

部分人群对于如何利用动物经常会有一些激进的看法，这些激进的看法主要包括：反对将动物应用于科学研究，反对用笼子和圈舍喂养动物，反对人们食用动物，提倡素食主义。

动物伦理教育是整个生态道德建设中的重要组成部分，它是一种与人际道德教育相提并论的对待动物的态度及行为的教育，是提高公众道德素质的人格教育，是全民教育、终身教育。21世纪既充满了希望，又有极大的不确定性。而这种不确定性的根源，

很大程度上来自正在发生变化的生态系统。毫无疑问，动物伦理教育是实现人与自然和谐共生的有效途径之一。

第三节　合乎伦理的动物实验

合乎伦理的动物实验是指在理论上不违背道德标准，符合道德规范，遵循道德行为的实验科学研究。在实际操作过程中，无论是实验动物的管理还是动物实验的管理都要遵循基本的伦理原则，在充分尊重动物福利的基础上开展动物实验。

一、实验动物饲养和管理的伦理原则

实验动物的饲养和管理要从满足动物福利的角度去考虑。现在国际上通行的动物福利的标准包括：享有不受饥渴的自由；享有生活舒适的自由；享有不受痛苦伤害和疾病的自由；享有生活无恐惧和悲伤感的自由；享有表达天性的自由。根据动物福利的标准，每个国家不但要在法律、法规方面对实验动物的饲养和管理有明确的规定，以充分体现伦理的要求，同时还要有一套简便、明了、操作性强的实验动物管理模式。

（一）伦理原则在实验动物饲养管理中的应用

实验动物的饲养管理既要达到科学研究的目的，又要充分体现伦理的要求，以动物福利的通行标准进行实验动物的规范化、标准化的饲养管理。

对实验动物的管理，应当遵循统一规划、合理分工、有利于促进实验动物科学研究和应用的原则。要充分体现动物的福利要求，做到人性化管理。实验动物饲养管理科学伦理化的一个重要内容就是实现实验动物质量的标准化。

（二）动物实验管理的伦理原则

实现动物实验的伦理化，必须加强动物实验的管理，使动物实验在实验室的建设、管理的规范化、实验资格和计划书的审查以及执行动物实验的"3R"原则上符合伦理要求。动物实验的"3R"原则为替代（replacement）、减少（reducting）、优化（refinement）。

"3R"原则最早是在1959年由英国动物学家威廉·罗素（William Russell）和微生物学家雷克斯·伯奇（Rex Burch）提出。具体来说，替代就是以组织细胞培养、各种活体外试验或计算机模型以及统计分析等方法来加以替代，不再利用活体动物来进行实验；减少就是要求在实验中尽可能减少实验动物的使用数量，提高实验动物的利用率和实验的准确性；优化就是确保动物在麻醉、镇痛和镇静剂或其他适当的手段作用下进行实验，不使其遭受不必要的伤害或痛苦。

第一，"3R"原则的作用。随着动物保护思想的进步，世界各国的法律、法规也在逐步修订和完善，以符合"3R"原则的要求，从而达到保护动物的目的。比如英国1971年通过的《动物法》替代了《防止虐待法》。新《动物法》规定，开展与动物有关的科研工作需申请研究项目许可证，要仔细评估科学与动物福利两方面得失的平衡，审查者主要依据"3R"原则来评审。美国于20世纪80年代初期也重新修订了《动物福利法》和《人道主义饲养和使用实验动物的公共卫生方针》，使"3R"原则在动物实验方面的应用更加具体化。此外，德国、日本、荷兰等国也在相继制定的动物保护法或动物实验条例中着重反映"3R"精神，并进一步修订和完善。我国在修订的《动物实验管理条例》（2017年）等法规中强调和反映了"3R"原则的精神，对我国的科技工作者起到了重要的指导作用。同时，一些化妆品、制药等大公司为了减少与动物保护主义的冲突，也逐渐采用新的方法以替代或减少使用实验动物，以符合动物的权益，同时也博得消费者对产品的支持。

第二，减少和优化原则。多年来的实践证明，"3R"原则中的减少和优化原则，取得了可喜的成果。在欧美等西方国家，自20世纪80年代初开始，基础科学研究人员在这方面就取得了突出进展。比如，使用转殖技术使小鼠对癌症或小儿麻痹等人类疾病更加敏感，可以更快速地筛选出潜在性致病源，并减少疫苗研究使用灵长类动物的数量。美国科学家提出了在实验动物模型中建立生理和代谢过程的SAAM计算机模拟系统，研究效果已初见端倪，显示了21世纪的实验动物与计算机模拟系统相结合的巨大潜力，可以预见这种"科技整合系统"的应用可以大大减少实验动物的数量。

第三，替代原则。替代方法的研究比减少和优化相对滞后，对于许多科研人员来说仍有许多不可逾越的问题。替代方法的一个重要内容就是利用动物的离体细胞替代整体动物进行实验，然而，离体细胞的许多特征不同于自由生活、复杂的动物体，动物体是由细胞以有序的三维结构组成，各种动物组织处于激素及不同浓度的氧、二氧化碳等多种生物活体物质的调控下。而在离体培养时，这一系列特征无法满足，不能拥有生物活体同样的环境和效果，降低了准确性。从目前技术上看来，尽管用离体细胞完全替代整体动物进行实验是不现实的，但近年来，许多基础科学研究人员孜孜不倦地努力研究，在这方面也取得了不小的成绩。从20世纪80年代起，各国科学研究人员在替代方法领域里取得了可喜的进展，例如皮肤敏感实验的替代方法、高等教育中动物替代物的应用等。

二、辩证的动物实验

辩证的动物实验是指一方面要发展科学技术，提高人们生活水平，通过实验科学研究创造出更多的优秀成果，服务全人类；另一方面要增强动物保护意识，促进人与自然的协调发展，保护好生态环境。也就是说，动物实验要在充分尊重动物福利的基础上进行。

首先，我们要承认动物福利的合理性。国际上通行的动物福利的含义是指人类应该避免对动物造成不必要的伤害，反对和防止对动物的虐待。实际上就是让动物在康乐的状态下生存，也就是为了使动物能够健康、快乐、舒适地生活而采取一系列的行为以及给动物提供相应的外部条件。动物作为有生命的物质主体，应该享有生活的自由和生命的权利。而作为世界的实际主宰者——人类，应该给予弱势者以宽容和爱护，特别是对待为人类社会的和谐和发展作出重要贡献的动物更应该如此。承认动物福利的合理性是指反对和防止虐待动物，避免对动物造成不必要的伤害，但不否认科学、合理的动物实验。同时，承认和尊重动物福利的合理性对于更好地利用动物进行动物实验，使之造福全人类有着积极的意义。

其次，要尽量满足动物福利的需要。人类文明每一个进步的脚印无不与动物息息相关。在各项科学研究和产品鉴定过程中，它们为了人类和其他动物的福利和健康承受着痛苦甚至贡献出自己的生命。无论是从道义情感上还是从实际需要上，人类都应当尊重和爱惜实验动物。

三、建立动物实验的伦理评价机制

所谓动物实验的伦理评价，是指人们依据一定的标准和原则，对动物实验机构的活动和实验人员的行为进行道德价值的评判。它包括伦理评价的标准、伦理评价的原则、伦理评价的依据以及伦理评价的作用。建立动物实验的伦理评价机制是使实验动物的管理和动物实验的规范更符合道德行为的重要杠杆，对进一步促进动物实验科学伦理化具有重要的理论和实践意义。

首先，我们要从公众反应、科学应用、实验人的功利性以及是否有利于社会进步的角度，建立伦理评价的标准，包括公益标准、社会标准和科学标准。公益标准是指实验行为是否符合最初的设计要求，是否有益于公共事业，是否有利于社会进步。社会标准是指实验行为是否有利于人类生存环境的保护和改善，是否有利于人类的健康和发展。人类离不开赖以生存的环境，包括自然环境、社会环境和生活环境。科学标准是指实验行为是否有利于实验科学的发展。

其次，在建立动物实验伦理评价标准的基础上，我们还要把握动物实验伦理评价的几条原则，使动物实验更符合伦理的要求。这包括减少伤害原则、有利原则和"3R"原则。减少伤害原则是评判动物实验伦理性的首要原则。动物实验的过程既包括实验的操作过程，同时也包括实验前动物的饲养和运输。有利原则是评判动物实验伦理性的必要原则。任何一种实验的动机和结果都应对人类和社会有利。"3R"原则是评判动物实验伦理性的重要原则。整个动物实验的过程是否合乎伦理，重要的一条就看是否满足替代、减少、优化的要求。有些实验可以减少动物的使用量，有些实验可以重复利用或优化动物来进行。

再次，对动物实验进行伦理评价，一是要有全面、系统的理论依据。动物实验的可行性，动物实验的有效性，何种动物更适合、更经济、更可靠等都是动物实验的重要理论基础。二是要有较完备的法律、法规作为基础性的依据。完备的法律法规涉及实验动物的饲养和应用，也是行业管理的指南。例如，美国在《动物福利法》的基础上，又增加了针对动物的运输管理、无伤害操作等内容的《检验、研究和教学中饲养管理和使用脊椎动物的法规》。只有符合法律法规要求的动物实验项目才能被批准，并受到联邦政府的资助，反之就会被基层单位动物管理委员会否决，不予执行。我国于1988年颁布《实验动物管理条例》，并先后于2011年、2013年、2017年三次修订。在政府法规的指导下，各类动物实验的管理工作已逐步步入了法制化的轨道。

最后，建立动物实验的伦理评价机制，能充分监督和警示研究者的工作，保证实验动物福利的满足，对正确开展动物实验有非常重要的作用。伦理评价对实验者具有深刻的教育和调整作用，特别是对那些正在大学接受教育的大学生。因此，高等院校在开设动物实验课程时，应使这些未来的科研人员理解和尊重动物，树立"非人道德"意识。伦理评价能使研究人员自觉地选择合适的实验动物或实验动物模型，使用最少的实验动物达到最好的实验研究效果。同时，伦理评价还可以促进和提高人们在科学研究中应用实验动物的伦理道德和科学责任等方面的认识。

伦理评价不仅对实验者的行为起着监督和判定作用，而且对饲养实验动物的过程也同样起着作用。实验动物所处的环境、生活的条件、饲料质量、实验过程中的行为表现、实验之后的处理等都要受到伦理评价的监督和判定。伦理评价还对实验科学和人类社会的发展起着推动作用。随着社会的发展、科学技术水平的提高、动物保护意识的增强，人们对动物实验中的伦理道德问题提出了更高的要求。科学研究人员应该不断进行实验设计的改造，充分利用各种资源，在符合伦理道德的前提下开展动物实验。

第四节 生物多样性：动物保护的终极目的

党的二十大报告指出"提升生态系统多样性、稳定性、持续性。实施生物多样性保护重大工程"。地球在漫长演进中产生了生物多样性，人类生存也离不开生物多样性。随着人类的日益强大，人类的活动威胁到整个生态系统，破坏了生物多样性。许多野生动植物物种已经灭绝，许多正处于濒危状态。沿着动物保护理论发展的轨迹，我们知道其终极目的是保护生物多样性。

一、生物多样性——人类生存的物质基础

种类繁多的生物存在于地球上，构成了彼此制约和依赖的生态系统，食物链和自然生态保持稳定和动态平衡，在不断变化的环境中，各种生物得以生存和发展。生物多样性包括动植物和微生物及它们的生存环境和它们的基因。概括来说，生物多样性就

是生命的多样化，即地球上的微生物、动物、植物等在联合体中、所有形式和体系里的多样呈现。生物多样性包括物种多样性、生态系统多样性和基因（遗传资源）多样性。

几千年前，人类的活动就开始与自然有了矛盾冲突，随着人口数量的增加和农业技术的提高，人类清除了森林以获取更多的食物，建造了更大的城市；随着科技工业的发展，人类无节制地开发自然资源，制造污染。在这过程中，大量的物种因失去家园或被人类屠杀而灭绝。

生物多样性威胁不但存在于工、农、林等建设中，它也包括人们的一些不良的生活方式。一些人爱吃野生动物，尤其是濒危的野生动植物，加剧了生物多样性的锐减。中国科学院动物生态与保护生物学重点实验室主任、中国动物学会秘书长魏辅文研究员曾表示："我国哺乳动物的濒危或灭绝主要是'吃'出来的，哺乳动物资源的利用对我国兽类多样性濒危或丧失模式产生了重要影响，特别是个体大的动物更容易成为被狩猎的对象，因而更容易濒危或绝灭。"

二、生物多样性——动物生态保护理论的终级目的

任何理论最终都要走向实践，动物生态保护理论也不例外。雷根曾指出，那些允许人把动物看成资源的制度，在对待动物方面，是犯了根本性错误的。动物生态保护理论研究既与社会、政治、经济、传统文化、法律等社会学科有联系，也与生态学、遗传学和地理学等众多自然学科密切相关。

当前，动物生态保护理论主要有两个方面的研究内容。一是动物生态学研究，即从个体、种群、群落和生态系统等不同空间

尺度，研究动物和环境之间的关系，探讨动物进化与环境适应的规律。二是创立于 20 世纪 80 年代、侧重于生物多样性理论和保护策略研究的保护生物学研究。保护生物学主要是利用先进的科学手段和方法，如分子生物学技术、蛋白质组学技术，研究生物多样性面临的危机和珍稀濒危动物的保护，研究重点包括物种濒危灭绝机制、动物行为和适应、濒危物种的遗传多样性等。

目前，国际动物生态保护研究呈现出两大发展趋势：一是动物行为生态学研究的理论和方法发展迅猛，其特点就是把生态学和行为学、遗传学和进化论结合在一起，探索新的理论和研究方法，在揭示动物性选择、求偶与交配行为、婚配制度和亲代抚育行为等方面不断有新的发现；二是环境变化的生态效应和物种濒危灭绝的机制成为动物生态保护研究的热点。受威胁物种种群衰退的恢复途径是国际上关注的热点，国内外科学家在物种恢复与重建方面进行了一些尝试性探索，如美国有 314 个濒危物种已实施种群恢复计划，我国已实施大熊猫、麋鹿和海南坡鹿等物种放归和种群重建计划。

生物多样性是人类赖以生存的物质基础，是地球上的生命经过几十亿年进化发展的结果，保护生物多样性是全人类的责任。在联合国环境与发展大会上，153 个国家于 1992 年在巴西当时的首都里约热内卢签署了《生物多样性公约》。1993 年，《生物多样性公约》正式实行。1994 年 12 月，为提高人们对保护生物多样性重要性的认识，联合国大会通过了每年的 12 月 29 日为“国际生物多样性日”的决议，后为方便各国举办各种纪念活动，从 2001年起，“国际生物多样性日”改为 5 月 22 日。

保护生物多样性，最主要的是要行动。我国拥有全球 10%～14% 的物种，也是濒危动物分布大国。据不完全统计，仅列入《濒危野生动植物种国际贸易公约》附录的原产于中国的濒危动物就有 120 多种，列入《国家重点保护野生动物名录》的有 257 种，列入《中国濒危动物红皮书》的鸟类、两栖爬行类和鱼类有 400 种，动物生态保护研究已成为我国实施可持续发展战略的重要保障。

2010 年 9 月，国务院第 126 次常务会议审议通过《中国生物多样性保护战略与行动计划（2011—2030）》，提出了我国未来 20 年生物多样性保护的总体目标、优先领域、优先区域和优先行动，成为我国履行《生物多样性公约》的重要行动指南。2011 年 6 月，中国生物多样性保护国家委员会成立，通过《联合国生物多样性十年中国行动方案》，将生物多样性保护上升为国家战略。目前，我国科学家紧密结合国家重大需求，在对多种濒危物种的栖息地和种群恢复进行的长期研究中取得了大量重要基础数据，为国家制定栖息地保护措施和启动栖息地保护工程提供了有力的科学指导，推动了国家层面的规划与决策。"我国动物防疫等法律法规存在缺陷""严格防范候鸟向北迁徙带有禽流感蔓延的紧急建议""谨防青藏铁路沿线鼠疫传播"等多项建议也都得到了中央的高度重视。中国科学院也将"动物生态与保护生物学"研究作为重点和前沿研究领域进行布局。2020 年，中国科学院发布《中国科学院生物资源目录》和《2020 年中国科学院生物资源研究报告》，生物资源数据及相关成果全部通过网络信息门户向社会开放共享，有效地促进了生物资源数据的集成、共享以及对国家生物产业的支撑。

参 考 文 献

一、外文著作

[1] Cary Wolfe. *Animals and Ethics*[M]. Peterborough：Broadview Press，2003.

[2] Georges Chapouthier. *Animal Rights in Realation to Human Rights：The Universal Declaration of Animal Rights*[M]. Paris：Comments and Intentions，1998.

[3] James Skidmore. Duties to Animals：The Failure of Kant's Moral Theory [J].*The Journal of Value Inquiry*，2001（35）：541-559.

[4] Jodey Castricano. *Animal Subjects：An Ethical Reader in a Posthuman World*[M]. Waterloo：Wilfrid Laurier University Press，2008：112.

[5] Roelands Mark. *Animal Rights* [M]. Oxford：Blackwell Publishing Ltd，2013.

[6] Roelands Mark. *Contractarianism and Animal Rights* [M]. London：PalgraveMacmillan，2009.

[7] Rowlands Mark. Animal Rights：*A Philosophical Defence* [M]. New York：St.Martin's Press. 1998.

二、译著

[1] [德]阿尔贝特·施韦泽.对生命的敬畏：阿尔贝特·施韦泽自述[M].陈泽环,译.上海：上海人民出版社,2007.

[2] [美]彼得·辛格,汤姆·雷根.动物权利与人类义务[M].曾建平,代峰,译.北京：北京大学出版社,2010.

[3] [美]彼得·辛格.动物解放[M].祖述宪,译.青岛：青岛出版社,2001.

[4] [美]彼得·辛格.实践伦理学[M].刘莘,译.北京：东方出版社,2005.

[5] [英]边沁.论道德与立法的原则[M].程立显,宇文利,译.西安：陕西人民出版社,2009.

[6] [英]边沁.政府片论[M].沈叔平,译.北京：商务印书馆,1995.

[7] [美]戴斯·贾丁斯.环境伦理学[M].林官明,杨爱民,译.北京：北京大学出版社,2002.

[8] [法]笛卡尔.第一哲学沉思集[M].庞景仁,译.北京：商务印书馆,1986.

[9] [法]笛卡尔.谈谈方法[M].王太庆,译.北京：商务印书馆,2018.

[10] [美]加里·弗兰西恩.动物权利导论[M].张守东,刘耳,译.北京：中国政法大学出版社,2005.

[11] [德]康德.纯然理性界限内的宗教[M].李秋零,译.北京：中国人民大学出版社,2011.

[12] [德]康德.道德形而上学[M].李秋零,译.北京：中国人民大学出版社,2012.

[13] [德]康德.形而上学探本[M].北京：商务印书馆,1957.

[14] [美] 罗尔斯顿 . 环境伦理学：大自然的价值以及人对大自然的责任 [M]. 杨通进，译 . 北京：中国社会科学出版社，1991.

[15] [美] 罗斯科·庞德 . 通过法律的社会控制 [M]. 沈宗灵，译 . 北京：商务印书馆，2010.

[16] [德] 尼采 . 权力意志 (上)[M]. 孙周兴，译 . 北京：商务印书馆，2007.

[17] [美] 帕梅拉·D. 弗莱舍，凯瑟琳·M. 赫斯勒，莎拉·M. 库季尔，等 . 动物法精要 [M]. 孙法柏，牛哲莉，韩天竹，译 . 天津：南开大学出版社，2016.

[18] [美] 汤姆·雷根，卡尔·科亨 . 动物权利论争 [M]. 杨通进，江娅，译 . 北京：中国政法大学出版社，2005.

[19] [美] 汤姆·雷根 . 打开牢笼：面对动物权利的挑战 [M]. 莽萍，马天杰，译 . 北京：中国政法大学出版社，2005.

[20] [美] 汤姆·雷根 . 动物权利研究 [M]. 李曦，译 . 北京：北京大学出版社，2010.

[21] [美] 约翰·罗尔斯 . 正义论 [M]. 何怀宏，何包钢，廖申白，译 . 北京：中国社会科学出版社，1988.

三、中文著作

[1] 北京大学哲学系外国哲学史教研室编译 . 西方哲学原著选读 [M]. 北京：商务印书馆，2005.

[2] 常纪文 . 动物福利法 [M]. 北京：中国环境科学出版社，2006.

[3] 陈晨 . 边沁功利主义视角下的生态伦理评述 [D]. 西安：长安大学，2014.

[4] 冯俊 . 开启理性之门：笛卡儿哲学研究 [M]. 北京：中国人民大学出版社，2005.

[5] 冯友兰．中国哲学简史 [M].北京：北京大学出版社，2013.

[6] 葛颖．中国动物福利争论的哲学基础研究 [D].南京：南京农业大学，2013.

[7] 何怀宏．生态伦理——精神资源与哲学基础 [M].保定：河北大学出版社，2002.

[8] 胡曦．彼得·辛格的动物解放论探析 [D].广州：中共广东省委党校，2017.

[9] 黄帝内经 [M].哈尔滨：黑龙江人民出版社，2003.

[10] 见觉真．和谐人生——佛教伦理观 [M].北京：宗教文化出版社，2006.

[11] 康旭．论我国动物福利立法制度构建 [D].武汉：华中科技大学，2015.

[12] 雷毅．生态伦理学 [M].西安：陕西人民教育出版社，2000.

[13] 论语 [M].长沙：岳麓出版社，2002.

[14] 孟子 [M].哈尔滨：黑龙江出版社，2003.

[15] 苗力田．亚里士多德全集（第九卷）[M].北京：中国人民大学出版社，1994.

[16] 尚书 [M].长沙：岳麓出版社，2002.

[17] 十八大以来新发展新成就（上册）[M].北京：人民出版社，2017.

[18] 史幼波．素食主义 [M].北京：北京图书出版社，2004.

[19] 万俊人．现代公共管理伦理导论 [M].北京：人民出版社，2005.

[20] 夏春来．我国动物保护立法研究 [D].沈阳：沈阳师范大学，2011.

[21] 荀子 [M].哈尔滨：黑龙江人民出版社，2003.

[22] 严火其.世界主要国家和国际组织动物福利法律法规汇编 [M].南京：江苏人民出版社，2015.

[23] 杨旻.中国动物福利立法问题研究 [D].重庆:西南政法大学，2008.

[24] 杨通进.环境伦理：全球话语、中国视野 [M].重庆：重庆出版社，2007.

[25] 业露华.中国佛教伦理思想 [M].上海：社会科学院出版社，2000.

[26] 张燕.谁之权利？如何利用？——伦理视域下的动物医疗应用研究 [D].南京：南京师范大学，2015.

[27] 张征珍.论我国的动物福利立法 [D].重庆：西南大学，2008.

[28] 周进宝.论汤姆·雷根动物权利理论及当代意义 [D].太原：山西大学，2012.

[29] 周礼 [M].长沙：岳麓出版社，2002.

[30] 周易 [M].长沙：岳麓出版社，2002.

[31] 朱熹.四书章句集注 [M].北京：中华书局，2005.

四、报纸、期刊与电子资源

[1] 陈晓聪.动物保护立法的伦理思想源流 [J].安徽大学法律评论，2010（1）：169-177.

[2] 邓永芳，郭萌萌.先秦儒家动物伦理思想刍议 [J].南京林业大学学报（人文社会科学版），2015（4）：19-25.

[3] 董海艳，邹红菲.野生动物 [J].哈尔滨市大学生爱护野生动物意识调查分析.2003（2）：44-45.

[4] 杜平.雅典知识分子在古希腊教育史上的地位和作用 [J].湖南师范大学教育科学学报，2007（5）：52-55.

[5] 郭欣，严火其.动物福利在英国发生的逻辑 [J].科学与社会，2015，5（2）：98-110.

[6] 国家濒管办 2019 年第 5 号公告 .[EB/OL].（2019-12-02）[2020-04-01].http：//www.forestry.gov.cn/bwwz/2790/20191202/102730074192234.html.

[7] 何航，熊子标，首雅潇，等 . 动物福利研究现状 [J]. 家畜生态学报，2017，38（11）：8-14.

[8] 何怀宏 . 儒家生态伦理思想述略 [J]. 中国人民大学学报，2000（2）：32-39.

[9] 黄雯怡，王国聘 . 西方动物伦理思想的演进、困境和展望 [J].《南京社会科学》，2016（6）：56-62.

[10] 黄雯怡，王国聘 . 西方动物伦理思想的演进、困境和展望 [J]. 南京社会科学，2016（6）：56-62.

[11] 姜南 . 近现代西方与古代中国动物伦理比较及启示 [J]. 天津师范大学学报（社会科学版），2016（3）：6-12.

[12] 雷瑞鹏 . 物种主义者对辛格动物解放论的批评 [J]. 伦理学研究，2014（2）：82-86.

[13] 李洪雷 . 协商民主视野中的重大行政决策程序立法 [J]. 中国发展观察，2017（Z3）：113-115.

[14] 李亮 . 西方物保护伦理及其对中国的影响 [J]. 南京林业大学学报（人文社会科学版），2012（02）：12-14.

[15] 李秋梅，罗顺元 . 以习近平生命共同体思想引领美丽中国建设 [J]. 齐齐哈尔大学学报（哲学社会科学版），2018（9）：29-31.

[16] 廖清胜 . 论人格形成的逻辑进路 [J]. 齐鲁学刊，2010（5）：64-68.

[17] 林红梅.关于辛格动物解放主义的分析与批判 [J].自然辩证法研究，2008（2）：76-80.

[18] 莽萍.泛爱万物，天地一体——中国古代生态与动物伦理概观 [J].社会科学研究，2009（3）：153-158.

[19] 秦红霞.非人类中心主义环境伦理下的动物保护思想梳理分析 [J].野生动物学报，2020（1）：232-239.

[20] 任俊华.论儒家生态伦理思想的现代价值,自然辩证法研究，2006（3）：22-25.

[21] 施璇.笛卡尔的机械论解释与目的论解释.世界哲学，2014（6）：77-86。

[22] 孙道进.生态伦理学的四大哲学困境 [J].云南师范大学学报（哲学社会科学版），2007（3）：17-21.

[23] 孙慕义.生命伦理学的知识场域与现象学问题 [J].伦理学研究.2007（1）：44-49.

[24] 唐文明.朱子论天地以生物为心 [J].清华大学学报（哲学社会科学版），2019（1）：153-163.

[25] 汪民安.如何想象动物 [J].花城，2011（6）：203-204.

[26] 王昱，李媛辉.美国野生动物保护法律制度探析 [J].环境保护，2015（2）：65-68.

[27] 武培培，包庆德.当代西方动物权利研究评述 [J].自然辩证法研究，2013（1）：73-78.

[28] 夏循祥."狗肉好吃名声丑"：民俗遗产化的价值观冲突？——以玉林"荔枝狗肉节"为中心的讨论 [J].文化遗产，2017（5）：95-102.

[29] 徐建立.人的需要及其发展 [J].山东社会科学，2010（8）：20-23.

[30] 严火其，李义波，尤晓霖，等．中国公众对"动物福利"社会态度的调查研究 [J].南京农业大学学报（社会科学版），2013，13（3）：99-105.

[31] 严火其．中国公众对"动物福利"社会态度的调查研究 [J].南京农业大学学报（社会科学版），2013（3）：99-105.

[32] 杨静．英国动物福利立法的概况及启示 [J].重庆科技学院学报（社会科学版），2010（14）：59-60.

[33] 杨美勤．"生命共同体"引导下的乡村生态振兴理路研究 [J].广西民族大学学报（哲学社会科学版），2019（6）：183-190.

[34] 杨通进．动物权利论与生物中心论：西方环境伦理学的两大流派 [J].自然辩证法研究，1993（8）：54-59.

[35] 杨通进．中西动物保护伦理比较论纲 [J].道德与文明，2000（4）：30-33.

[36] 杨玉珍．绿色文化的理论渊源及当代体系建构 [J].河南师范大学学报（哲学社会科学版），2018（6）：64-69.

[37] 尹海林．加强项目管理，建立动物实验的伦理学评价机制 [J].实验动物科学与管理，2004（3）：32-34.

[38] 于鲁平．全面禁食野生动物的法律解读及相关产业的风险应对建议 [N].环境保护，2020-03-25（6）.

[39] 张锋．孔孟生态伦理思想刍议 [J].孔子研究，2019（3）：121-125.

[40] 张晓文．我国环境保护法律制度中的公众参与 [J].华东政法大学学报，2007（3）：57-63.

[41] 张震．生态文明入宪及其体系性宪法功能 [J].当代法学，2018（6）：50-59.

[42] 中国法学会行政法学研究会课题组．关于野生动物保护法修

改的十条建议 [N]. 经济参考报，2020-03-03（8）.

[43] 周宏春，江晓军. 习近平生态文明思想的主要来源、组成部分与实践指引 [J]. 中国人口·资源与环境，2019（1）：1-10.

[44] 朱宁宁. 全面禁食野生动物维护最广大人民利益 [N]. 法制日报，2020-02-28（1）.

[45] 左荣昌，杨岩. 以"生态文明"理念重构〈野生动物保护法〉的思考——以新冠肺炎疫情防控为切入口 [J]. 重庆交通大学学报（社会科学版），2021（1）：1-7.